碳－水利用效率动态归因及其对极端干旱事件的响应

Dynamic Attribution of Carbon-Water Use Efficiency and Its Response to Extreme Drought

荐圣淇　张雪丽　徐林　史思佳　符一珉　高俊　著

中国水利水电出版社
www.waterpub.com.cn
·北京·

内 容 提 要

本书以中国地区为研究对象，基于气候要素、植被因子要素、土地利用类型演变的特征分析，采用多元线性回归法、Theil－Sen 趋势分析、Mann－Kendall 显著性检验、土地利用转移矩阵、偏相关分析法，定量研究气候因素变化、植被因子变化、土地利用类型变化对碳利用效率和水分利用效率的影响，并探究自然植被和恢复植被的碳利用效率和水分利用效率对极端干旱事件的响应。

本书可供生态水文学、水文水资源学、遥感等相关领域的科研及管理工作者阅读，也可供相关专业高校师生参考。

图书在版编目（CIP）数据

碳-水利用效率动态归因及其对极端干旱事件的响应 / 荐圣淇等著. -- 北京 : 中国水利水电出版社, 2024. 10. -- ISBN 978-7-5226-2799-1

Ⅰ. P333; P426.616

中国国家版本馆CIP数据核字第2024D6S865号

书　　名	**碳-水利用效率动态归因及其对极端干旱事件的响应** TAN－SHUI LIYONG XIAOLÜ DONGTAI GUIYIN JI QI DUI JIDUAN GANHAN SHIJIAN DE XIANGYING
作　　者	荐圣淇　张雪丽　徐林　史思佳　符一珉　高俊　著
出版发行	中国水利水电出版社 （北京市海淀区玉渊潭南路 1 号 D 座　100038） 网址：www. waterpub. com. cn E－mail：sales@mwr. gov. cn 电话：（010）68545888（营销中心）
经　　售	北京科水图书销售有限公司 电话：（010）68545874、63202643 全国各地新华书店和相关出版物销售网点
排　　版	中国水利水电出版社微机排版中心
印　　刷	北京中献拓方科技发展有限公司
规　　格	170mm×240mm　16 开本　9.75 印张　185 千字
版　　次	2024 年 10 月第 1 版　2024 年 10 月第 1 次印刷
定　　价	**48.00** 元

FOREWORD 前言

植被在陆地生态系统中扮演着至关重要的角色，是连接土壤圈、水圈和大气圈能量流通与物质循环的重要纽带，地表植被的变化对于陆地表层的水分循环、能量流通以及全球的碳平衡起着重要的调控作用。干旱对植被生长和生产力的影响会直接影响碳的吸收、固定和释放过程，从而影响碳循环和水循环的稳定性和生态系统的功能。通过对复杂环境下碳-水循环驱动机制的分析，定量评价各因子对植被的影响，对于生态系统的健康评估、气候变化适应和减缓、生态系统服务功能评估及提升都具有重要意义。全球变暖影响下，中国干旱事件频发，因此，研究复杂环境对植被的影响是探究中国碳-水循环驱动机制的关键所在。

植被是陆地生态系统的主体，气孔调节下的植被与大气间 CO_2 和水汽的交换是陆地生态系统碳-水循环相耦合的关键过程，也是陆地生态系统减缓气候变化、实现“碳中和”目标的关键过程。温度、水分、CO_2 的供应是植被生长、蒸腾作用、光合作用等生理过程的基础。然而，随着全球变暖，降水格局发生改变，植被生长环境发生巨大变化，陆地生态系统的碳-水循环也会受到严重影响，气候变化下碳-水循环对植被动态变化的响应机制尚不清楚。

本书以中国地区为研究对象，基于气候要素、植被因子要素、土地利用类型的演变特征分析，采用多元线性回归法、Theil－Sen 趋势分析、曼-肯德尔（Mann－Kendall）显著性检验、土地利用转移矩阵、偏相关分析法，定量研究气候因素变化、植被因子变化、土地利用类型变化对碳利用效率和水分利用效率的影响。使用植被因子与水文气象因子构建了基于相关性方法的植被限制指数（vegetation limitation，VLI），探究了近 37 年植被因子与水文气象因子的依赖性演变。在明确气候变化下植被因子与水文气象因子依赖关系的基础上，使用动态阈值法及 Savitzky - Golay 滤波法提取 1982—2018 年植被物候信息，并结合土地利用信息构建了四种不同碳利用效率 PT - JPL 模型（Priestley Taylor Jet Propulsion Laboratory）优化方案，与通量站数据对比确认最佳优化方案。最后基于优化后的 PT - JPL 模型模拟了三种情景下的蒸散发，以定量研究气候变化下植被动态对水分利用效率的影响，并探究自然植被和恢复植被的碳利用效率和水分利用效率对极端干旱事件的响应。

本书由郑州大学荐圣淇、张雪丽、史思佳、符一珉、高俊，以及黄河水利委员会晋陕蒙接壤地区水土保持监督局的徐林撰写。全书共 9 章：第 1 章和第 2 章由荐圣淇、徐林撰写，第 3 章由张雪丽、徐林撰写，第 4 章由史思佳、符一珉撰写，第 5 章由徐林撰写，第 6 章由荐圣淇、张雪丽、徐林撰写，第 7 章由张雪丽、徐林撰写，第 8 章由徐林、荐圣淇撰写，第 9 章由张雪丽、徐林撰写。全书由荐圣淇、高俊统稿。

本书的研究工作得到了“十四五”国家重点研发计划项目（2023YFC3209303 - 04）的资助。在本书成稿过程中还得到了中国水利水电出版社的大力支持，在此一并表示感谢！

由于作者水平有限，书中不足之处在所难免，恳请广大读者批评指正。

作者

2024 年 6 月

缩　略　语　表

英文缩写	英　文　全　称	中文名称
CUE	carbon use efficiency	碳利用效率
NPP	net primary productivity	净初级生产力
GPP	gross primary productivity	总初级生产力
WUE	water use efficiency	水分利用效率
ET	evapotranspiration	蒸散发
IPCC	Intergovernmental Panel on Climate Change	联合国政府间气候变化专门委员会
LUCC	land use and cover change	土地利用和覆被变化
LUE	light use efficiency	光利用效率模型
LSM	land surface models	地表机理模型
MODIS	moderate - resolution imaging spectroradiometer	中分辨率成像光谱仪
CtB	Continental Basin	内陆河
SWB	Southwest Basin	西南诸河
YeRB	Yellow River Basin	黄河流域
HRB	Haihe River Basin	海河流域
SLRB	Songhua and Liaohe River Basin	松花江和辽河流域
HuRB	Huaihe River Basin	淮河流域
SEB	Southeast Basin	东南诸河
YRB	Yangtze River Basin	长江流域
PRB	Pearl River Basin	珠江流域
DSR	downward shortwave radiation	下行短波辐射
GLASS	global land surface satellite	全球陆表特征参量产品
CMFD	China meteorological forcing dataset	中国区域地面气象要素驱动数据集
TRMM	tropical rainfall measuring mission	热带测雨卫星
TEDAC	terrestrial evapotranspiration dataset across China	中国陆地蒸散量数据集
NDVI	normalized difference vegetation index	归一化植被指数
GIMMS - 3G＋	global inventory modeling and mapping studies - 3rd generation v1. 2	全球第三代模拟和绘图项目

续表

英文缩写	英 文 全 称	中文名称
AVHRR	advanced very high resolution radiometer	超高分辨率辐射仪
LAI	leaf area index	叶面积指数
GLC	glass land cover	GLASS 土地利用数据
FAO	food and agriculture organization	粮食及农业组织
IGBP	International Geosphere Biosphere Programme	国际地圈生物圈计划
VLI	vegetation limitation	植被限制指数
SPEI	standardized precipitation evapotranspiration index	标准化降水蒸散指数
PET	potential evapotranspiration	潜在蒸散发
EDE	extreme drought events	极端干旱事件
DSI	drought severity index	干旱严重程度指数
LUCC	land use and cover change	土地利用覆被变化
T	transpiration	蒸腾作用
Pre	precipitation	降水（量）
Temp	temperature	温度
SMS	surface soil moisture	表层土壤水分
SMR	root zone soil moisture	根系土壤水分
PHEN	vegetation phenology	植被物候变化
SOS	start of the growing season	生长季开始日期
EOS	end of the growing season	生长季结束日期
GSL	length of the growing season	生长季长度
Srad	downward shortwave radiation	向下短波辐射
Shum	near – surface specific humidity	近地面空气比湿
VPD	vapor pressure deficit	饱和水汽压差
WS	wind speed	风速
CLCD	China land cover dataset	中国土地覆盖数据集

CONTENTS

目录

前言

缩略语表

第1章　绪论 …… 1

1.1　研究背景及意义 …… 1

1.2　国内外研究进展 …… 3

1.3　有待进一步研究的问题 …… 9

1.4　研究内容及创新点 …… 10

第2章　研究区域、数据与研究方法 …… 13

2.1　研究区域 …… 13

2.2　数据获取与处理 …… 15

2.3　研究方法 …… 17

第3章　碳-水利用效率时空分布特征 …… 26

3.1　气候和植被因子、土地利用变化的空间格局与演变趋势 …… 26

3.2　水分利用效率时空分布规律 …… 41

3.3　碳利用效率时空分布规律 …… 45

3.4　讨论 …… 50

3.5　本章小结 …… 51

第4章　土地利用转换、气候和植被因子对碳-水利用效率的影响 …… 52

4.1　土地利用转换对碳-水利用效率的影响 …… 53

4.2　气候和植被因子对碳-水利用效率的影响 …… 58

4.3　讨论 …… 62

4.4　本章小结 …… 66

第5章　植被与水文气象多因素联动依赖程度研究 …… 68

5.1　年平均DSR、SMS及SMR时空变化规律 …… 68

5.2　植被动态的多因素依赖程度 …… 70

5.3　讨论 …… 74

5.4 本章小结 …… 75
第6章 基于多情景参数优化的土地利用与植被物候变化对实际蒸散发的贡献研究 …… 76
6.1 植被物候时空变化规律 …… 77
6.2 土地利用空间变化分析 …… 81
6.3 模型精度验证 …… 81
6.4 多情景实际蒸散发时空变化规律 …… 85
6.5 土地利用与植被物候对实际蒸散发的贡献 …… 91
6.6 讨论 …… 95
6.7 本章小结 …… 96
第7章 多情景蒸散发条件下的水分利用效率 …… 98
7.1 GPP时空变化规律 …… 98
7.2 多情景蒸散发条件下水分利用效率时空变化规律 …… 104
7.3 土地利用与植被物候对WUE的贡献 …… 112
7.4 讨论 …… 113
7.5 本章小结 …… 114
第8章 碳-水利用效率对极端干旱事件的响应 …… 116
8.1 中国干旱时空变化特征 …… 116
8.2 极端干旱事件的时空格局 …… 120
8.3 极端干旱事件对碳-水利用效率的影响 …… 121
8.4 讨论 …… 125
8.5 本章小结 …… 127
第9章 结论与展望 …… 128
9.1 结论 …… 128
9.2 展望 …… 129
参考文献 …… 131

第1章 绪 论

1.1 研究背景及意义

植被在陆地生态系统中具有关键作用，在土壤圈、水圈和大气圈之间的能量和物质交换中扮演重要角色。植被变化对陆地表层水文循环、能量传递以及全球碳循环具有重要的调节作用[1-2]。在面对气候变化和人类活动的双重影响时，植被动态变化不仅是对外部环境变化的响应，更是生态系统内在状态的显性指示器。因此，植被被视为评估生态系统健康状况和环境变化敏感性的重要指标之一，其变化特征对生态系统整体的适应性和稳定性具有重要意义[3]。另外，植被不仅是外部环境的被动受体，而且通过生物物理和生物化学过程对外界环境做出动态响应。在这一过程中，植被通过光合作用和蒸腾作用等生态生理过程对区域乃至全球的碳-水循环系统产生显著的影响[4]。

重建森林、灌木和草地区域，可以在很大程度上改善植被覆盖、绿化和生产力，从而增加碳储量[5-7]。然而，恢复后的植被因其生态系统功能不完善，极易受到干旱等极端气候事件的影响，从而导致植被退化、生产力下降和碳循环改变[8-9]。特别是在极端干旱事件频率和强度不断增加的背景下[10]，对碳储存的影响将会更加深刻。因此，阐明极端干旱事件如何影响碳储存对于指导植被恢复项目实施以实现碳中和并为缓解干旱措施提供信息至关重要。此外，干旱对植物群落影响的强度还与群落多样性和结构有关。

生态理论表明，高度多样化的植被可能对严重的环境压力更具抵抗力和恢复力[11]。恢复植被通常具有物种多样性低和群落结构简单的特点，因此与自然植被相比，更容易受到极端干旱胁迫的影响。然而，由于耐旱树种的成活率较高，通常会种植耐旱树种来恢复植被。此外，良好的人工管理还可以提高植被对环境压力的抵抗力[12]。因此，恢复植被对极端干旱胁迫的恢复能力可能不亚于自然植被。但是，很少有研究检验这一假设。

植被碳利用效率（carbon use efficiency，CUE）决定了能量和物质流向更高的营养级，将植物产生的碳转化为微生物产品以及生态系统碳储存的速率。通常用植被净初级生产力（net primary productivity，NPP）与总初级生产力（gross primary productivity，GPP）的比值来表示[13-14]。植被水分利用效率（water use efficiency，WUE）被定义为每单位水蒸腾的固定碳量，反映了陆地生态系统的碳增益和水分流失之间的权衡，通常用生态系统生产的干物质量（NPP 或 GPP）与蒸散发（evapotranspiration，ET）的比值来表示[15]。深入了解 CUE 和 WUE 的动态变化和受控因素对于预测生态系统对气候变化的响应至关重要。CUE 和 WUE 是植被生态系统中碳-水循环的重要指标，它们能反映植被的生长状况和环境响应。通过计算和分析这两个指标，可以比较不同生态系统的碳-水循环差异，并了解植物如何响应环境变化[16]。

以气候变暖为主要特征的全球变化正在加剧，根据联合国政府间气候变化专门委员会（Intergovernmental Panel on Climate Change，IPCC）第六次全球气候变化评估报告，2020 年全球平均气温较工业革命前水平（1850—1900 年）高出 1.2℃，直接诱导因素是人类活动导致的 CO_2 等温室气体排放量不断增加[17-18]。全球气候变化已导致海平面上升、冰川融化、高温热浪和暴雨等极端温度或降水事件频发等，对生物多样性、粮食安全以及水资源管理带来重大挑战[19-20]。为减缓气候变暖，中国明确提出 2030 年实现“碳达峰”与 2060 年实现“碳中和”的目标。“碳中和”是指单位时间内产生的以 CO_2 为主的温室气体被吸收掉，或将负面效应抵消掉。陆地生态系统对“碳中和”目标的实现有重大意义，陆地生态系统有碳汇的功能，是全球碳汇的重要组成部分之一，据全球碳计划最新结果显示，陆地生态系统每年固碳量约为（3.5±0.9)Gt。植被作为陆地生态系统的主体，气孔调节下的植被与大气间 CO_2 和水汽的交换（蒸腾作用和光合作用）是陆地生态系统碳-水循环相耦合的关键过程，也是陆地生态系统减缓候变化、实现“碳中和”目标的关键过程[21-23]。温度、水分、CO_2 的供应是植被生长、蒸腾作用、光合作用等生理过程的基础。然而，随着全球变暖，降水格局发生改变，植被生长环境发生巨大变化，陆地生态系统的碳-水循环也会受到严重影响，其中气候变化下，碳-水循环对植被的响应机制尚不清楚。

除此之外，20 世纪 70 年代末以来，中国土地覆被发生巨大变化。一方面，新中国成立初期盲目毁林开垦等一系列行为致使自然灾害频频发生，之后中国推行了一系列生态保护工程使得裸地、耕地向林地、草地发生转变，且植被覆盖度显著增长。例如，1978 年开始的“三北”（西北、华北和东北）防护林工程，旨在治理和改善中国北方干旱和半干旱地区生态环境；1998 年开始的天然林保护工程，旨在保护和恢复天然林区的生态系统稳定性和生物多样性；1999 年开始的退耕还林工程，旨在将低产田退耕还林还草，恢复生态系统功能[24]。第九次森林清查结果显示，1999—2018年中国的森林覆盖率从16.6%上升到23%。另一方面，随着人口增长和经济发展，中国城镇化加速，2000—2019年中国的城市面积上升约30%，使得耕地向草地转化[25]。除了显性的土地覆被类型的变化外，近40年间全球地表覆被处于剧烈的“绿化”过程。卫星数据显示，2000—2017年的全球约增加了$5.4\times10^6 km^2$的叶面积，其中中国贡献了1/4的新增叶面积[26]。因此，近40年剧烈的植被动态变化，无论是显性的土地覆被类型发生改变、土地“绿化”，还是植被生理过程对气候变化的响应，都必然对陆地生态系统的碳-水循环造成重要影响。

随着中国气候变暖和干旱化程度的不断加剧，深入了解中国WUE和CUE的变化特征以及其驱动机制对于全面评估中国生态系统的健康状况至关重要。目前在中国不同地区关于WUE和CUE在气候变化、植被动态变化和土地利用变化背景下的变化评估研究以及自然植被与恢复植被的WUE和CUE抵抗极端干旱事件能力的研究还不多见。为弥补这一不足，在气候变化和人类活动影响下，从流域尺度上对中国WUE和CUE的时空变化特征及其驱动机制进行整体性研究，亟待在深化研究区域碳利用效率和水分利用效率变化特征的基础上，解析其变化背后自然和人文耦合作用下的驱动机制，并探究自然植被与恢复植被的WUE和CUE抵抗极端干旱事件的能力。这有助于改善人们对不断变化环境下的碳-水循环的理解，更好地了解其如何随其气候控制因素和其他因素的变化而变化，有助于实现水资源和生态系统服务的可持续管理。在厘清植被如何动态响应人类活动与气候变化的前提下，深入研究植被动态变化对水分利用效率的影响，有助于加深全球变化背景下陆地生态系统碳-水耦合关系变化的认识和理解，进而为预测未来碳-水耦合关系奠定科学基础，对“双碳”目标的实现所需制定的政策具有指导意义。

1.2 国内外研究进展

1.2.1 水分利用效率研究进展

1.2.1.1 蒸散发研究进展

蒸散发（evapotranspiration，ET）是指地球表面输送到低层大气的总水蒸气通量，它是水循环和表面能量平衡的关键组成部分[27]。研究表明，蒸散发涉及多种生态系统，其分类依据主要是生态系统形成的原始动力和对环境的影响。在过去20年中，光学和热红外遥感技术的快速发展促进了蒸散发遥感反演模型的广泛应用。目前，蒸散发估算方法主要分为以下五类：①数理统计方法模型；②植被指数-地表温度梯形模型；③Penman模型；④单源能量平衡模型；⑤双源能量平衡模型等[28]。

Bai et al.[29] 揭示中国 ET 的空间变化呈现出从东南向西北递减的趋势。Ma et al.[30] 和 Mo et al.[31] 分别基于免校准非线性互补关系（CR）模型和植被界面过程模型检测到相同的蒸散空间变化模式。但上述研究的 ET 时间变化趋势存在空间异质性。例如，在中国的东北和东南部地区，各模型和产品表现出不一致的变化趋势，而在新疆西部地区则表现出同样的增长趋势[31-34]。

ET 极易受到环境变化的影响，气候变化通常被视为 ET 的主要驱动因素[35]。Li et al.[36] 研究表明，在干旱和半干旱地区，气温和降水主导了 ET 的变化。土壤湿度、太阳辐射和风速在控制区域 ET 时空趋势方面都起着重要作用。太阳辐射可以通过不同的机制影响 ET，并随后改变陆地表面的可用能量。风速作为空气动力学成分主要影响大气蒸发需求，这些因素相互作用并改变了水的可用性[37]。与此同时，全球气候变化下水循环通过陆地-大气相互作用显著影响蒸散发。在此背景下，中国幅员辽阔，气候和土地覆盖类型复杂多样，蒸散时空变化存在较大的不确定性[38]。

1.2.1.2 净初级生产力研究进展

净初级生产力（NPP）是生态学中的重要指标，表示单位空间和时间在植物群落中通过光合作用固定的净碳量[39]。根据研究手段与原理的不同，对植被 NPP 的研究方法可简单划分为调查实测法和模型估算法。调查实测法包括收获量测定法、生物量调查法、涡度相关法。模型估算包括统计模型、光能利用效率模型、机理模型。其中，统计模型包括 Miami 模型[40]、Thornthwaite Memorial 模型[41]、Chikugo 模型[42]；光能利用模型包括 Monteith、Prince、Ruimy 等模型[43]；机理模型有 TEM、BIOME - BGC、CASA、BEPS 模型[44]。

NPP 作为衡量植物群落生产力的重要指标和陆地碳循环的重要组成部分，决定了陆地生态系统的净碳输入量[45]。Duveiller et al.[46] 和 Su et al.[47] 通过相关分析等方法发现 NPP 与气候、地形、人类活动等因素相关。Michaletz et al.[48] 研究发现，气候因素可以通过调节植物代谢、生长季节长度、群落生物量直接或间接影响 NPP。Li et al.[49] 研究发现，地形通过重新分配水热条件导致 NPP 变化。Wu et al.[50] 研究表明植树种草、退耕还林等生态建设可以促使 NPP 增加，而过度放牧、城镇化、交通建设等活动则会导致 NPP 下降。尽管 NPP 与自然和人为因素之间存在多重关系，但大多数研究都集中在气候对 NPP 的影响上，而且通常只在单一气候类型的范围内进行。

1.2.1.3 水分利用效率研究进展

对 WUE 的早期研究主要集中在作物叶片或个体水平上，并且主要使用气体交换方法和田间测量方法来观察WUE。随着观测技术的发展，涡度协方差被用于监测生态系统WUE时空变化，WUE的研究规模扩展到农田、草原和森林等生态系统。传统的点尺度观测和模拟方法已经不能满足大尺度碳-水耦合研究的需求[51-52]。因此，遥感数据在区域和全球尺度的水分利用效率研究中得到了越来越广泛的应用。许多研究人员利用卫星遥感对当地的水资源利用效率进行评估。水分利用效率受到生物因素以及诸如叶面积指数、植被类型、辐射、温度和降水等非生物因素的影响[53-54]。然而，这些因素在不同的时间和空间尺度上对WUE具有不同程度的影响。

土地利用和覆被变化（land use and cover change，LUCC）是陆地碳循环的主要因素。土地覆盖变化受人类活动的影响，因为土地覆盖变化改变了区域的有效陆地表面能、可用水、光合速率、营养水平和表面粗糙度[55]。土地利用变化会影响到生态系统的碳-水耦合过程、能量平衡和水文循环[55-56]。因此，一些学者分析了不同研究地区不同土地利用类型的水分利用效率的时空趋势，例如，亚马孙流域、中国、美国和东亚，以及全球生态系统中WUE的时空变化能力[57]。此外，学者们还研究了不同植被类型WUE的高低排序。例如，Zhao et al.[58] 将中国西南地区的WUE年均值从高到低评估为森林、灌木丛、农田、草地；Qi et al.[59] 估算了生长季的WUE值，中国东北地区生长季WUE的平均值从高到低依次为针叶混交林、阔叶林、针叶林、草本植被、灌丛、湿地、草甸、农田、草地、其他；Zhang et al.[60] 估算中国黄土高原WUE的年平均值从高到低依次为草地、林地、灌丛和农田。

1.2.2 碳利用效率研究进展

1.2.2.1 总初级生产力研究进展

总初级生产力（GPP）是生态系统中所有生产者在光合作用过程中固定的碳量[61]。目前，GPP的直接测量仅适用于实验室叶片光合作用的测量，但无法满足野外GPP的测量。测量生态系统和大气之间CO_2交换行之有效的方法是建立通量塔站并使用涡流协方差技术（EC）[62]。然而，目前活跃的通量塔站有限，而且全球范围内分布不均[63]。因此，通过使用遥感和气候数据模型进行空间外推，可以从站点级GPP测量中获得全球GPP估计值[64]。根据预测GPP时空格局的方法，GPP产品可以分为以下几类：①基于FLUXNET2015插值和扩大观测值的方法；②光利用效率模型（light use efficiency，LUE)；③机器学习算法（例如人工神经网络、支持向量机、卫星遥感回归，以及针对环境变量的粗略测量)；④地表机理模型（land surface models，LSM)[65-66]。

不同的GPP产品已被用于不同的研究，包括关于全球气候变化的研究、干旱对光合作用的影响、植被生长特征、生态系统植被固碳和植被物候变化。LUCC 被认为是影响陆地总初级生产力最重要的驱动因素之一，是植被固定碳容量的量化指标。Li et al.[67] 研究发现土地利用类型转变对植被物候和碳通量有显著影响，进而对植被 GPP 产生进一步影响。Ding et al.[68] 研究发现植被恢复的造林提高了 GPP，而城市扩张则减少 GPP。此外，即使是相同的土地利用活动也可能对 GPP 产生不同的影响。Cai et al.[69] 发现由于中国一些干旱地区耗水量大，植树造林还可能加剧水资源短缺并降低 GPP。土地利用活动通过改变土地覆盖类型来影响 GPP 变化，GPP 降低或增加是因为当 GPP 较高的森林转变为 GPP 较低的农田时，由 LUCC 引起的各种植被类型往往具有不同的 GPP。不同的植被类型对环境条件也有不同的响应和独特的生长特征。由于土地利用变化，这种响应和特征导致了植被前后多年累积 GPP 的变化[67]。

1.2.2.2　碳利用效率研究进展

碳利用效率（CUE）定义为净初级生产力（NPP）与总初级生产力（GPP）的比值，用于描述植物为生物质生产分配的碳量与固定碳总量的比值[13]。CUE 是碳循环研究中的重要参数，经常用于根据 GPP 计算 NPP，或测量植物的自养呼吸[70-71]，因此，它已被纳入许多生产力估算模型中，例如 Carnegie - Ames - Stanford 模型或土壤-植物-大气冠层模型[72]。通过光合作用将碳分配给植物新组织的过程对于理解生态系统的碳循环和碳封存能力至关重要，因为它与生态系统密切相关。

目前，关于植被 CUE 的研究涵盖了许多生态系统，包括森林、草原和农业生态系统，这些研究的空间尺度从局部到区域再到全球，所采用的方法包括实地观测和地表模型[73-74]。尽管有大量关于植物与大气之间碳交换的研究，但生态系统固定碳的规律及其与环境变量和生态系统类型的关系仍不清楚。长期以来，所有生物群落的 CUE 都被视为大约 0.5 的固定值，这意味着植物固定的碳几乎一半将分配给生物量[75-76]。Campioli et al.[77] 发现，自然生态系统中用于生物质生产的光合生产部分与植被、环境条件和气候驱动因素无关。Waring et al.[70] 发现将 NPP 视为 GPP 的固定比例比机械地模拟更简单且更准确。然而，来自现场观察和建模研究的大量令人信服的证据对 CUE 恒定的假设提出了挑战，认为之前的研究存在数据不一致和代表性不平等的问题。Delucia et al.[13] 发现植被 CUE 应被视为生态系统特定参数，随生态系统类型、管理措施、气候和土壤养分而变化。但随着中分辨率成像光谱仪（MODIS）初级产品等遥感数据的开发，发现 CUE 不是定值，不能在模型中作为定值使用。全球尺度上的遥感观测 MODIS 数据也表明，CUE 随着生态系统类型、地理特征和气候要素均表现出较大的空间差异。研究多模型多产品的 CUE，有助于评估全球范围内的植被 CUE 变化，这些产品能够捕获不同生物群落的 GPP 和 NPP 的时空特征，并被用来探索 CUE 的时空趋势及其非生物和生物驱动因素[71,74]，基于过程的模型提供了另一种方法来估计 CUE 的变异性及其在更广泛的空间尺度和长期时间尺度上的环境控制因素。然而，光合作用和自养呼吸过程的参数化造成的巨大差异导致不同模型之间 CUE 动力学及其对气候变化的响应存在不确定性[73,78]。因此，仍然需要研究诊断植被 CUE 随气候的变化，以填补目前关于气候对 CUE 影响的知识空白。

1.2.3 植被动态变化的研究进展

植被是陆地生态系统耦合碳-水循环的关键途径，明确植被动态是研究陆地生态系统碳-水耦合过程的前提。随着卫星技术的提高，多种产品成为研究区域尺度至全球尺度植被动态变化的有利工具。基于不同卫星产品数据，国内外学者相继开展了不同时空尺度上植被覆盖变化的研究[79-80]。Piao et al.[81] 结合多个卫星产品的研究结果表明，自 20 世纪 80 年代以来，全球植被绿度有明显的上升，并首次提出全球变绿的概念。综上所述，尽管全球地表覆被存在较大的空间异质性，但是近 40 年的植被动态主要表现为全球变绿。全球变绿的原因：一方面是人类活动引起的植树造林地区以及集约化农作地区的地表绿化；另一方面其他地区的地表绿化则是气候变化造成的。部分研究通过卫星观测资料、动态植被模型、CO_2 浓度增加野外实验等方法，探索了全球变绿的主要驱动因素，指出 CO_2 的浓度增加带来的施肥效应是全球尺度上植被变绿的主要原因[82]。在受到氮源限制的生态系统中，额外的氮输入促进植物的生长，与此同时氮沉降对植物生长的促进作用在高纬度地区得到观测验证[83]。更多耦合模式和动态植被模式耦合氮循环研究结果显示，增加的氮沉降可以解释 9%全球 LAI 的增加[25]。此外，气候变暖对延长植被生长期以及促进高纬度等受温度限制地区的植被生长有显著作用，这也是全球变绿的主要驱动因素之一。

1.2.4 植被动态变化对蒸散发的影响

中国实施了多项修复措施防止生态退化，因此产生了大规模土地覆盖变化，进而造成了径流减少、土壤干旱等生态水文问题。土地利用变化集中在松花江和辽河流域、黄河流域、长江流域及珠江流域，Li et al.[84] 研究表明，2005—2020 年中国林地、灌丛、湿地面积增加，草地和裸地减少，土地覆盖变化对 ET 变化有正贡献。Lan et al.[85] 研究发现松花江和辽河流域、黄河流域、长江流域及珠江流域的植被绿化对 ET 变化有重要影响。林地具有较高的冠层结构、较大的叶面积和较高的植被密度，根系分布较深。Ye et al.[86] 研究表明滥伐是最影响 ET 的土地覆盖变化过程。一些研究发现，土壤蒸发在植被动态变化过程中增加，但总体平均 ET 呈现出显著下降趋势[87-88]。Gaertner et al.[89] 表明湿地往往比普通土地具有更高的 ET，植被面积大，含水量高，湿地向林地转换引起的 ET 变化为正向变化，而裸地与其他土地覆被类型之间的转换揭示了植被退化对 ET 的影响大于植被恢复。土地利用/土地覆盖变化对水循环具有局部影响，一些研究排除了气候变化的影响，研究结果表明，同一土地覆被类型在不同地区的蒸散发特征不同，这可能是植被生长周期和覆盖度差异所导致的[90-91]。

1.2.5 植被动态变化对水分利用效率的研究进展

水分利用效率（WUE）将水循环和碳循环紧密结合在一起，它既是衡量生态水文系统碳-水耦合关系的重要指标，也是衡量生态系统对于气候变化敏感性的指标，最早由 Fischer et al.[92] 提出。在群落或更大的尺度水平上，通过研究 WUE 的变化特征，有助于认识植被用水情况对气候变化的响应。WUE 的不同定义与碳循环和水循环紧密结合，但它们也解释了不同空间尺度下的不同生态过程和内部机制。Tang et al.[93] 研究表明 WUE 的纬度分布为从亚热带向中高纬度递增，再随着纬度增加而减少，并发现同纬度下各生态系统的 WUE 有区别，从高到低依次为森林、农田、草地。WUE 一方面受系统内植被的调控，另一方面受外界环境条件的影响。温度、水分、CO_2、太阳辐射等气候要素会对 WUE 产生影响，并且不同要素之间存在交互作用。Yang et al.[94] 研究表明干旱地区引起 WUE 变化的控制因素与半干旱、半湿润地区完全不同。在较干旱的黄土高原，Yue et al.[95] 发现草地生态系统 WUE 较低是由于受到土壤干旱胁迫，同时农田生态系统 WUE 也主要受土壤水分的控制。土地利用变化背景下，陆地表层生物地球化学过程发生改变，影响陆地生态系统的碳-水循环过程，对 WUE 产生深刻影响。生态系统尺度 WUE 研究多集中于 WUE 时空变化特征及其对气候变化的响应分析等方面。Sun et al.[96] 利用生态过程模型对 GPP 进行模拟，结合陆面实际蒸散发数据，研究了中国陆地 1979—2012 年 WUE 的时空变异规律，并分析了 WUE 与降水、气温和叶面积指数等之间的关系。WUE 将碳、水循环紧密联系在一起，是对流域生态水文系统整体功能和状态的综合反映。从 WUE 概念出发，其控制变量 GPP 和 ET 均受植被动态的影响，分析并揭示 WUE 对植被动态的响应机制，对于变化环境与水资源紧缺背景下流域生态水文系统各类资源的科学管理和合理利用具有理论和实践的双重意义。

1.2.6 极端干旱事件对植被的影响研究进展

干旱因其长期性、高频性、影响广泛性和影响持续性等特点，已成为影响中国乃至全世界农业生产和生态环境最严重的自然灾害之一。相关研究表明，干旱是对陆地生态系统生产力影响最强烈的极端气候，直接影响着植被的生长和发育，破坏着陆地生态系统的碳循环和水循环[97]。近年来，全球气候变化的频繁性显著增强，表现为气温的逐渐攀升。这种气温变化深刻地影响着大气环流与全球水循环的动态平衡，进而改变了降水在时间和空间上的分布模式。这种变化使得干旱现象呈现出更为复杂的时间和空间变化特征，进一步导致了植被覆盖度在时空维度上的显著变化。因此，为了深入理解气候变化对植被生态系统的影响，需要开展多尺度、多因素的生态学研究，以揭示植被在全球变化背景下的响应机制和适应策略。这对于预测未来气候变化趋势、制定有效的生态保护和管理措施具有重要的科学意义和实践价值[98-99]。

干旱环境通过显著降低土壤中的水分含量和养分的可利用性，对植物的生长和发育产生深刻影响，这种影响在植物叶片和根系性状上表现得尤为显著[100]。干旱条件显著降低了植物叶片的光合速率和气孔导度，这直接影响了植物的光合碳固定过程。光合碳固定是植物进行能量转换和物质生产的关键环节，其减少意味着植物的生长和发育受到抑制[101]。气孔导度作为衡量植物叶片气体交换能力的重要生理参数，在植物光合和蒸腾过程中扮演着至关重要的角色。在中度水分胁迫的条件下，植物叶片的气孔导度会呈现显著的下降趋势。这种下降直接影响了植物的光合作用和蒸腾作用，导致光合速率和蒸腾速率均出现降低，水分利用效率升高[100]。苏波等[102]在中国东北的研究揭示，随着干旱程度的增强，植物的水分利用效率起初逐渐上升，但达到某一临界水平后则呈现下降趋势。这一现象可能归因于当干旱环境超过特定阈值时，植物的水分利用策略发生了适应性转变。Tsialtas et al.[103]在对干旱区草地不同物种的研究中发现，水分利用效率较高的物种往往具备更高的生产力。这一结果表明，在干旱环境中，水分利用效率与物种的生产力之间存在正相关关系。

1.3 有待进一步研究的问题

（1）目前存在土地利用变化、气候因素和植被因子对碳、水分利用效率的影响研究不足的情况。尽管中国的气候、水文和植被生产力等方面的研究相对充分，但针对不同土地利用类型对碳-水利用效率影响的研究较为匮乏。

尤其在中国生态系统流域尺度上，对长时间跨度和大尺度的气候变化和植被动态变化对碳-水利用效率的影响研究不够深入。

（2）极端干旱事件对碳-水分利用效率影响研究不足。尽管部分学者已经对植被对干旱事件的响应进行了研究，但关于自然植被和恢复植被的碳-水分利用效率对极端干旱事件响应的研究还较为缺乏。

（3）众所周知，温度、水分是植被生存的两大基础要素，过去的研究普遍认为温度是限制北半球植被生长的因素，尤其是高纬度或高海拔地区。从长远角度来看，随着全球温度的不断上升，植被的温度限制势必减弱，水分限制将呈增加趋势，而全球温度上升引起的大气蒸发需求增加及降水格局的改变，也将加剧植被的水分限制程度。因此，需要明确植被与水分、温度依赖程度是否会随着气候变化发生改变，这将有助于了解植被对气候变化的响应，并制定适当的策略以应对气候变化对植被带来的挑战。

（4）植被是陆地生态系统连接大气、土壤和水分的纽带，与土壤、大气之间碳、水及能量的交换密切相关。在气候变化的影响下，植被将发生较大规模的动态变化，直接影响土壤、大气之间碳、水及能量交换过程，即蒸散发与水分利用效率。然而这种影响仅停留在理论分析阶段，具体定量分析结果尚不知晓。因此，需要定量明晰植被动态变化对实际蒸散发及水分利用效率的影响，这将有助于了解植被动态如何影响陆地生态系统蒸散发及碳-水耦合过程，并且对全球变化科学与区域或全球可持续发展研究提供理论参考。

1.4　研究内容及创新点

1.4.1　研究内容

（1）碳利用效率和水分利用效率时空分布规律。选取中国九大流域片作为研究区域，利用多源遥感数据计算生态系统碳-水循环变化的碳利用效率和水分利用效率，对数据进行统计学分析。探究中国九大流域片的生态系统水分利用效率与碳利用效率在2000—2017年的时空演变特征，探究中国不同土地利用类型碳利用效率和水分利用效率的属性特征，并研究不同气候因素和植被因子的碳利用效率和水分利用效率。

（2）土地利用转换对碳利用效率和水分利用效率的影响。通过土地利用转移矩阵，统计分析中国九大流域片2000—2017年土地利用变化的面积及转移变化，研究土地利用类型变化造成的碳利用效率和水分利用效率的变化，分析每种土地利用类型变化对碳利用效率和水分利用效率变化的贡献，为研究自然植被和恢复植被的碳利用效率和水分利用效率对极端干旱事件的响应提供数据支持。

（3）气候因素和植被因子对碳利用效率和水分利用效率的影响。通过多元回归线性模型和一阶差分去趋势法计算六种气候因素（降水、温度、短波辐射、风速、相对湿度、饱和水气压差）和两种植被因子（归一化植被指数和叶面积指数）对碳利用效率和水分利用效率的贡献率，并用偏相关分析的方法探究气候因素、植被因子和九种土地利用类型碳利用效率和水分利用效率的相关关系，同时研究气候因素和植被因子对中国九大流域片碳利用效率和水分利用效率变化的相对贡献。

（4）碳利用效率和水分利用效率对极端干旱事件的响应。通过分析中国干旱时空动态变化进而识别极端干旱事件的起始时间，研究极端干旱事件的时空动态，并探究自然植被和恢复植被的碳利用效率和水分利用效率对极端干旱事件的响应。

（5）明确植被与水文气象因子的依赖程度演变。基于 Theil - Sen 斜率估计法和 Mann - Kendall 法研究水文气象因子时空变化规律。构建基于相关性原理的植被限制指数，分别研究植被与水分、温度的依赖关系及植被与表层土壤水分、根系土壤水分的依赖关系。

（6）基于多情景参数优化的土地利用与植被物候变化对实际蒸散发的贡献研究。基于 Savitzky - Golay 滤波和动态阈值法提取 1982—2018 年植被物候期；基于动态植被物候与土地利用变化信息创建多种 PT - JPL 模型优化方案，在八个通量站站点进行验证并按误差指标选取最佳优化方案；基于优化后的 PT - JPL 模型模拟多情景实际蒸散发并定量分析植被物候与土地利用变化对蒸散发的贡献。

（7）基于多情景蒸散发条件下的植被物候变化与土地利用变化对水分利用效率的贡献研究。基于多情景蒸散发计算对应情景水分利用效率，进一步采用 Theil - Sen 斜率估计法和 Mann - Kendall 法研究水分利用效率时空变化规律；基于多情景蒸散发条件下的水分利用效率定量分析植被物候与土地利用变化对水分利用效率的贡献。

1.4.2 创新点

（1）探明极端干旱事件对植被的影响规律。首先分析中国干旱时空动态变化，进而识别极端干旱事件的起始时间，从而研究极端干旱事件的时空动态，并探究自然植被和恢复植被的碳利用效率和水分利用效率对极端干旱事件的响应，为干旱监测与预警、生态系统管理与恢复等方面提供重要的科学依据和决策支持。

（2）明晰了植被物候与土地利用变化对中国实际蒸散发及水分利用效率

的贡献程度。基于1982—2018年期间逐年动态植被物候信息以及每5年土地利用变化信息，创建多情景参数优化PT-JPL模型方案，在与通量站观测数据对比验证后确定了最佳优化方案；之后，利用情景实验方法基于该方案模拟多情景实际蒸散发，并得到植被物候与土地利用变化对实际蒸散发的定量贡献；进一步，在多情景实际蒸散发的基础上计算得到水分利用效率，并得到植被物候与土地利用变化对实际蒸散发的定量贡献。该方法通过优化的方式首次使PT-JPL模型携带了动态植被物候与土地利用双重动态变化信息，提升了基础模型模拟精度，为提升双源蒸散发模型精度，以及定量探究植被物候与土地利用变化对蒸散发及水分利用效率的贡献提供技术参考。

第2章 研究区域、数据与研究方法

2.1 研究区域

2.1.1 地理概况

中国位于东半球北部，处于欧亚大陆东部和太平洋西岸。疆域范围南起南沙群岛南端的曾母暗沙南侧，北至漠河地区黑龙江主航道中心线，南北相距5500km；西起新疆维吾尔自治区乌恰县以西的帕米尔高原，东至黑龙江省抚远县境内黑龙江与乌苏里江主航道中心线汇流处，东西相距约5200km。这一地理位置使得中国西部延伸至亚洲腹地，而东南部面向太平洋，形成独特的地缘政治格局。中国陆地总面积约为960万km^2，仅次于俄罗斯和加拿大，位居世界第三。根据水文水资源的分布，参考资源环境科学数据平台（www.resdc.cn）可以把中国分为九大流域片（表2.1）。

表2.1　　中国九大流域片基本情况表

名　　称	面积/km^2	主要植被	气　　候
内陆河（Continental Basin，CtB）	3338945	草地、沙漠	高原山地气候、温带大陆性气候
西南诸河（Southwest Basin，SWB）	852634	森林、草地	亚热带季风气候、高原山地气候
黄河流域（Yellow River Basin，YeRB）	808905	农田、森林	温带季风气候、温带大陆性气候
海河流域（Haihe River Basin，HRB）	316992	农田、森林	温带季风气候、温带大陆性气候
松花江和辽河流域（Songhua and Liaohe River Basin，SLRB）	1238125	农田、森林	温带季风气候
淮河流域（Huaihe River Basin，HuRB）	323950	农田	温带季风气候

续表

名　称	面积/km^2	主要植被	气　候
东南诸河 (Southeast Basin，SEB)	240319	农田、森林	亚热带季风气候
长江流域 (Yangtze River Basin，YRB)	1799222	农田、森林	亚热带季风气候
珠江流域 (Pearl River Basin，PRB)	570561	森林	亚热带季风气候

2.1.2 地形地貌

中国地势西部较高，东部较低，地形以山地、高原和丘陵为主，约占陆地面积的67%，而盆地和平原则约占陆地面积的33%。其山脉主要沿东西—东北—西南走向分布，包括喀喇昆仑山、阴山、秦岭、长白山、大兴安岭、台湾山脉和横断山等。西部地区包含青藏高原，平均海拔超过4000 m，其中珠穆朗玛峰海拔8848.86 m，是世界第一高峰。云贵高原、内蒙古、黄土高原、四川盆地、新疆地区等形成中国地势的第二级阶梯。而从大兴安岭、太行山、巫山、武陵山、雪峰山一线东至海岸线多为平原和丘陵，构成地势的第三级阶梯。

2.1.3 气候特征

气候作为自然环境的核心要素之一，其活跃性不容忽视。气候类型的形成与演变，深受海陆分布、地形地貌及地理维度等多重因素的深刻影响与制约。此外，气候也与水文特性、生物群落结构以及土壤类型等环境因子存在着错综复杂的相互关联。对于中国而言，气候特征尤为鲜明，主要可归纳为两大方面，这两方面特征深刻反映了中国独特的地理环境和生态系统结构。

(1) 气候类型复杂多变。中国疆域辽阔，横跨广袤的纬度范围，距海洋的远近也有显著差异。同时，地形高低错落，地貌类型及山脉走向丰富多样。这些因素共同导致气温与降水组合存在显著差异，进而塑造出各地多样化的气候特征。中国东部主要属于季风气候区，其中又可细分为热带季风气候、亚热带季风气候和温带季风气候；西北部则表现为温带大陆性干旱气候；而青藏高原地区呈现出高寒气候特征。这种地域性气候分异反映了中国自然环境的复杂性和多样性，对于生态系统和人类活动均产生深远影响。

(2) 季风气候显著。中国的气候特征显著表现为夏季高温多雨、冬季寒冷少雨，且高温期与多雨期高度一致，这一特点鲜明地体现了季风气候的普遍性规律。从地理位置来看，中国坐落于世界上最大的大陆——亚欧大陆的东部，同时又毗邻世界上最大的大洋——太平洋的西岸，并且其西南部与印度洋亦相距不远。这种独特的地理位置决定了中国气候深受大陆与大洋的双重影响，使得季风气候特征尤为突出。这种气候特征不仅影响了中国的自然环境，也对农业生产、水资源分布以及人类居住模式等方面产生了深远影响。

2.1.4 植被特征

中国拥有几乎所有主要植被类型，全国自然植被包括 29 种植被型、52 种亚型和 600 多个主要群系。主要类型包括森林、灌丛、草原、荒漠、草甸和草本沼泽。草原是中国最重要的牧场，草原植被相对简单，包括草甸草原、典型草原和荒漠草原。荒漠植被主要分布在西部地区，植物种类稀少且结构简单。草甸植被广泛分布于青藏高原东部温带山地和低洼地区。草本沼泽是中国最普遍的湿生植物群落，分布于湖滨、河滩和三角洲等低洼地区。

2.2 数据获取与处理

2.2.1 水文气象数据

中国 800 个水文站实测数据日降水量、日平均温度来源于中国气象数据网，时间范围为 1982—2018 年，部分缺测资料通过水文比拟法和线性内插法进行合理插值；8 个通量站提供的 ET 现场观测结果来自国家科技资源共享服务平台。

反照率（Albedo)、下行短波辐射（DSR）来源于全球陆表特征参量产品（global land surface satellite，GLASS)[104]。该产品是基于多源遥感数据和地面实测数据，反演得到的长时间序列、高精度的全球地表遥感产品，时间范围为 1982—2018 年，空间分辨率为 0.05°，来源于美国马里兰大学。该数据集为研究全球环境变化提供了可靠的依据，已被广泛用于动态监测陆表变化及全球变化分析。

近地面气温、近地面气压、近地面空气比湿、近地面全风速、地面向下短波辐射、地面向下长波辐射、地面降水率来源于中国区域地面气象要素驱动数据集（China meteorological forcing dataset，CMFD)[79,105-106]。该数据集采用 ANU - Spline 统计插值为水平空间分辨率为 0.1°，时间范围为 1979—2018 年。该数据集是以国际上现有的 Princeton 再分析资料、GLDAS 资料、GEWEX - SRB 辐射资料以及 TRMM 降水资料为背景场，融合了中国气象局常规气象观测数据制作而成。整体精度介于气象局观测数据和卫星遥感数据之间，优于国际上已有再分析数据的精度，来源于时空三极环境大数据平台。

蒸散发量来自实际蒸散发量数据集。它是基于非线性互补关系数据集（CR）模型的中国陆地蒸散发量数据集（TEDAC），分辨率为 0.1°，时间分辨率为月尺度。TEDAC 选取了 2000 年 1 月至 2017 年 12 月期间的 AET。TEDAC AET 数据集经过 13 个涡度协方差站的原位观测验证。

2.2.2　植被数据

归一化植被指数（normalized difference vegetation index，NDVI）来自于全球第三代模拟和绘图项目（global inventory modeling and mapping studies - 3rd generation V1.2，GIMMS - 3G＋）[107]。该数据集对 1982—2022 年不同的超高分辨率辐射仪（advanced very high resolution radiometer，AVHRR）数据校正，排除了校准损失、轨道漂移和火山喷发等因素造成的影响，空间分辨率为 0.0833°。

叶面积指数（LAI）来源于全球陆表特征参量产品（GLASS）[104]，该产品是基于多源遥感数据和地面实测数据，反演得到的长时间序列、高精度的全球地表遥感产品，时间范围为 1982—2018 年，空间分辨率为 0.05°，来源于马里兰大学。

MODIS/Terra NPP 产品源自美国国家航空航天局提供的 2000—2017 年 MOD17A3HGF v006 数据集，其空间分辨率为 1km × 1km，通过 MRT（modis reprojection tool）软件转换数据进行计算。

GPP 产品源自美国国家航空航天局提供的 2000—2017 年 MOD17A2H 数据集，产品是具有 500m 分辨率的 8 天累积合成，该产品基于辐射利用效率概念，可以潜在地用作数据模型的输入。

2.2.3　土地利用数据

GLASS 土地利用数据（GLASS land cover，GLC）[104-108] 时间范围为 1982—2015 年，与早期的全球土地覆盖产品相比，GLC 具有一致性高、细节更多、覆盖时间更长等特点。在 2431 个测试样本单位的基础上，耕地、森林、草地、灌丛、苔原、荒地、冰雪 7 类 34 年的平均总体精度为 82.81%，来源于马里兰大学。

全国土地覆盖数据集（China land cover dataset，CLCD）30m 分辨率数据集比现有的年度土地覆被产品（MCD12Q1 和 ESACCI_LC）具有更高的空间分辨率和更长的历史记录，CLCD 数据集第三方验证样本的总体精度超过了 MCD12Q1、ESACCI_LC、FROM_GLC（全球土地覆被精细分辨率观测与监测）和 GlobeLand30。CLCD 产品的时间跨度为 1990—2020 年，分类系统与 FROM - GLC 类似，可以更好地映射到联合国粮食及农业组织（FAO）和国际地圈生物圈计划（IGBP）系统，使分类标准更加统一，更易于比较土地利用和湿地变化。

2.3 研究方法

2.3.1 碳-水利用效率的计算方法

WUE[$gC/(mm \cdot m^2)$] 可以表示为 NPP(gC/m^2) 与 ET(mm) 的比值：

$$WUE=\frac{NPP}{ET} \tag{2.1}$$

CUE 可以表示为 NPP(gC/m^2) 与 GPP(gC/m^2) 的比值：

$$CUE=\frac{NPP}{GPP} \tag{2.2}$$

2.3.2 Theil - Sen 趋势分析

Theil - Sen 趋势分析是一种稳健的非参数统计的趋势计算方法，可以减少数据异常值的影响。Theil - Sen 趋势计算 $n(n-1)/2$ 个数据组合斜率的中位数，其计算公式为：

$$\beta=\text{Median}\left(\frac{x_j-x_i}{j-i}\right), \forall j>i \tag{2.3}$$

当 $\beta>0$ 时，反映了 X 呈现增长的趋势，反之则反映 X 呈现退化的趋势。

2.3.3 曼-肯德尔（Mann - Kendall）检验

曼-肯德尔检验是一种非参数统计检验方法，用来判断趋势的显著性，它不需要样本服从一定的分布，也不受少数异常值的干扰。计算公式如下：

设定 $\{X_i\}$，$i=2000, 2001, \cdots, 2017$，定义 Z 统计量为

$$Z=\begin{cases}\dfrac{S-1}{\sqrt{s(S)}}, S>0 \\ 0, S=0 \\ \dfrac{S+1}{\sqrt{s(S)}}, S<0\end{cases} \tag{2.4}$$

其中

$$s(S)=\frac{n(n-1)(2n+5)}{18}$$

$$\text{sgn}(X_j-X_i)=\begin{cases}1, X_j-X_i>0 \\ 0, X_j-X_i=0 \\ -1, X_j-X_i<0\end{cases} \tag{2.5}$$

其中
$$S=\sum_{j=1}^{n-1}\sum_{i=j+1}^{n}\operatorname{sgn}(X_j-X_i)$$
式中：X_i 和 X_j 分别为像元 i 年和 j 年的 X 值；n 为时间序列的长度；sgn 为符号函数；Z 为统计量，取值范围为（$-\infty$，$+\infty$）。

在给定显著性水平 α 下，当 $|Z|>Z_{u1-\alpha/2}$ 时，表示研究序列在 α 水平上存在显著的变化。一般取 $\alpha=0.05$，本书判断在 0.05 置信水平上 WUE 时间序列变化趋势的显著性。

2.3.4　土地利用转移矩阵

土地利用转移矩阵是目前国内外用于定量描述土地利用变化方向、特征的实用工具，是根据不同时期土地利用状况的转换关系得到的二维矩阵，描述了土地利用类型之间的转换关系，直观地表示了土地利用的时空变化。

$$\boldsymbol{S}=\begin{bmatrix} S_{11} & S_{12} & \cdots & S_{1n} \\ S_{21} & S_{22} & & \\ \vdots & & \ddots & \vdots \\ S_{n1} & S_{n2} & \cdots & S_{nn} \end{bmatrix} \tag{2.6}$$

式中：S 为各种土地利用类型的总面积；n 为研究区土地利用类型的种类；S_{ij} 为初期到末期由 i 类土地利用类型转为 j 类土地利用类型的面积。

转移矩阵中，行数据之和表示研究初期某种土地利用类型的面积总和，每一行值表示该土地利用类型的转出方向和规模；列数据之和表示研究末期某种土地利用类型的面积总和，每一列值表示该土地利用类型的转入方向和规模。

2.3.5　相对贡献率

用一元线性回归模型的斜率来确定 WUE、气候因素和植被因子的变化趋势。我们使用一阶差分去趋势法以去除非气候影响对 WUE 的影响，从而区分气候因素和人类活动的影响。

由于气候因素之间存在相关性，采用偏相关分析来量化去趋势气候因素与去趋势 WUE 之间的关系。偏相关分析探索了两个变量之间的关系，而不受其他因素的影响。具有最高偏相关系数的因子被确定为主导气候因素。为了量化气候因素的贡献，多元线性回归以气候因素的第一差值为预测变量，以 WUE 的第一差值为响应变量：

$$Y_{\mathrm{ds}}=a_1X_{1\mathrm{ds}}+a_2X_{2\mathrm{ds}}+a_3X_{3\mathrm{ds}}+\cdots+a_nX_{n\mathrm{ds}} \tag{2.7}$$

式中：Y_{ds} 为归一化去趋势 WUE；a_i 为各预测因子的回归系数；$X_{i\mathrm{ds}}$ 为归一化的去趋势气候因素。

假设因变量对气候趋势和气候年际变化的响应相似，2000—2017 年期间气候对 WUE 趋势的贡献可以通过上述回归系数和气候因素的趋势进行量化。

$$Q_c = \sum_{i=1}^{n} a_i X_{\text{is\_trend}} \tag{2.8}$$

$$Q_{ac} = \frac{Q_c}{Y_{\text{s\_trend}}} * Y_{\text{trend}} \tag{2.9}$$

式中：$X_{\text{is\_trend}}$ 为归一化气候因素的趋势；Q_c 为气候对归一化 WUE 趋势的贡献；$Y_{\text{s\_trend}}$ 为归一化 WUE 的趋势；Y_{trend} 为 WUE 的趋势；Q_{ac} 为气候对 WUE 趋势的实际贡献。

2.3.6 物候提取

2.3.6.1 Savitzky - Golay 滤波

Savitzky - Golay 滤波，即 SG 滤波，最早是由 Savitzky 和 Golay 于 1964 年提出的一种用于平滑时间序列数据的滤波方法，相对于其他滤波方法，SG 滤波可以在保证拟合效果的基础上保留更多的细节，得到质量较好的拟合曲线，因此常用在提取植被生长曲线的过程中。它实际上是一种基于最小二乘法的卷积方法，利用一定大小的滑动窗口和待处理数据进行卷积，然后对待处理数据作加权多项式拟合，最终求得最小均方根误差，而待处理数据中一些远离大多数点的边缘点则不会参与拟合。Chen et al.[79] 于 2004 年改进后，SG 滤波通过多次迭代逐步拟合 NDVI 时间序列曲线的上包络线来重建时间序列。SG 滤波能够准确快速地在尽量保持原始曲线宽度的情况下，检测出时间序列的异常值，对其进行处理，减小 NDVI 数据由于观测角度、大气环境以及传输过程等产生的影响，重新构建有效且接近真实值的时间序列曲线。SG 滤波的基本公式为：

$$\text{NDVI}_j^* = \frac{\sum_{i=-m}^{m} C_i \text{NDVI}_{j+1}}{N} \tag{2.10}$$

式中：NDVI^* 为拟合后的 NDVI 值；m 为半个滑动窗口的大小；C_i 为由多项式项数得到的 NDVI 滤波系数；NDVI_i 为 NDVI 的原始值；N 为卷积数目，其大小等于滑动窗口的大小（即 $2m+1$）。

因此除原始 NDVI 值外，SG 滤波的滤波效果主要由两个参数控制：一个是半个滑动窗的大小 m，另一个是平滑多项式的项数 d。一般来说，滤波窗口的宽度越大，多项式的次数越低，拟合的 NDVI 时间序列越平滑。SG 滤波的参数设置是滤波效果好坏的关键，因此需要设置合适的参数以保证去掉异常值的同时不出现过拟合的现象。

2.3.6.2　动态阈值法

植被物候信息提取的方法较多，常见的有拟合法、斜率法、主成分分析法、滑动平均法、阈值法等。虽然以上方法都是基于植物的生理特征和遥感机理，但对于不同的应用区域、数据质量等方面有所差异，其中动态阈值法应用最为广泛。本书基于前人研究经验，采用 Jonsson et al.[109] 提出的动态阈值法，将 NDVI 首次增长达到当年 NDVI 最大振幅 20%的时刻定义为生长季开始时间，首次降低到当年 NDVI 最大振幅 20%的时刻定义为生长季结束时间。

2.3.7　时空分析

在基于遥感时间序列植被长期变化检测的众多研究中，一元线性回归分析方法、Theil - Sen 斜率估计法和 Mann - Kendall 法是最广泛使用的变化检测方法。研究表明，Theil - Sen 斜率估计法和 Mann - Kendall 法这两种非参数方法不要求时间序列必须满足正态分布和序列自相关的大部分假设，而且对时间序列中的异常值不敏感，能够有效地处理小的离群点和缺失值噪声，对误差的抵抗能力比一元线性回归分析方法要优越。本书中的时空趋势分析使用 Theil - Sen 斜率估计法，显著性检验使用 Mann - Kendall 法。

2.3.7.1　趋势分析

Theil - Sen 斜率估算方法能够有效地检测时间序列中存在的变化趋势及变化量，该方法通过计算序列中两两数据对之间的斜率，将所有数据对斜率的中值作为时间序列的总体变化趋势。其计算公式如下：

$$\beta = \mathrm{Median}\left(\frac{x_j - x_i}{j - i}\right), \forall j > i \tag{2.11}$$

式中：β 为所有数据对斜率的中值，其大小表示平均变化率，其正负表示时间序列中的趋势方向，当 $\beta > 0$ 时，反映上升趋势，反之则相反；Median 为取中值函数；x_j 和 x_i 分别为时间序列中第 j 项和第 i 项的值。

2.3.7.2　显著性检验

Mann - Kendall 检验是一种非参数统计检验方法，实质上是一种对随机变量的数字特征的检验方法，因计算方便、检测适用性较强被广泛应用，并已被世界气象组织列为为水文、气象要素趋势分析、突变点分析的推荐方法。本书选用该方法对植被物候、ET 等序列进行趋势分析，公式如下：

$$Z = \begin{cases} \dfrac{S-1}{\sqrt{s(S)}}, S > 0 \\ 0, S = 0 \\ \dfrac{S+1}{\sqrt{s(S)}}, S < 0 \end{cases} \tag{2.12}$$

$$S=\sum_{i=1}^{n-1}\sum_{j=i+1}^{n}\begin{cases}1, y_i-y_j>0\\0, y_i-y_j=0\\-1, y_i-y_j<0\end{cases} \tag{2.13}$$

统计量 Z 的取值范围为（$-\infty$，$+\infty$），对于给定的置信区间 α，若 $|Z|>Z_{1-\alpha/2}$，则表明在置信水平 α 上，数据序列存在显著的变化趋势；统计量 S 为正值则表明数据序列为增加趋势，负值则相反；y_i 和 y_j 分别表示 i 和 j 年的因变量值，n 是时间序列长度。本书中 α 选取 0.05，即在 95%的置信水平下做显著性检验。

2.3.8 植被与水文气象因子的依赖性研究

全球气候变化下，温度不断升高，降水格局发生变化，植被生理活动的温度限制及水分限制势必发生变化。本书基于相关性计算方法构建植被限制指数（vegetation limitation，VLI），用以研究当前气候变化下植被的温度限制与水分限制。

研究共分为两步：首先构建了第一种植被限制指数 $VLI_{(T,Pre/SMS/SMR|TEM/DSR)}$ 的，其计算公式如下：

$$VLI_{(T,Pre/SMS/SMR|TEM/DSR)}=Corr_{(T,Pre/SMS/SMR)}-Corr_{(T,TEM/DSR)} \tag{2.14}$$

式中：T 为植被蒸腾量，mm，用以表示植被的可用水量；Pre 为降水量，mm；SMS 为表层土壤水分，m^3/m^3；SMR 为根系土壤水分，m^3/m^3；$Corr_{(T,Pre/SMS/SMR)}$ 表示来自于降水（Pre）、土壤表层水分（SMS）或根系土壤水分（SMR）的水分限制；TEM 为气温，℃；DSR 为下行短波辐射，W/m^2；$Corr_{(T,TEM/DSR)}$ 为植被的温度限制，其中 DSR 作为 TEM 的代理研究变量，用以验证植被的温度限制。

然后构建了第二种植被限制指数 $VLI_{(GPP/NDVI,SMR|Pre/SMS)}$ 研究植被与土壤表层水分及土壤根系水分的关系变化，计算公式如下：

$$VLI_{(GPP/NDVI,SMR/Pre/SMS)}=Corr_{(GPP/NDVI,SMR)}-Corr_{(GPP/NDVI,Pre/SMS)} \tag{2.15}$$

式中：GPP 为总初级生产力，gC/m^2；$Corr_{(GPP/NDVI,SMR)}$ 为植被与根系水分的关系，由于 GPP 与 NDVI 关系密切，用作验证；$Corr_{(GPP/NDVI,Pre/SMS)}$ 为植被与表层水分的关系，由于 Pre 与 SMS 的关系密切，作为表层土壤水分的代理研究变量。

2.3.9 PT-JPL 模型原理、优化及情景实验设计

2.3.9.1 PT-JPL 模型原理

PT-JPL 模型是一种具有植被动力学的双源蒸散模型[110]，同时该模型已被多数研究证明模拟效果较为稳健[111-115]，净辐射的计算公式如下：

$$R_n = R_{n\mathrm{Srad}} + R_{n\mathrm{Lrad}} \tag{2.16}$$

$$R_{n\mathrm{Srad}} = (1-a)\mathrm{Srad} \tag{2.17}$$

$$R_{n\mathrm{Lrad}} = \mathrm{Lrad} - \mathrm{Lrad}_u \tag{2.18}$$

$$\mathrm{Lrad}_u = \sigma T^4 \tag{2.19}$$

式中：R_n 为陆地净辐射，W/m^2；$R_{n\mathrm{Srad}}$ 为净短波辐射；$R_{n\mathrm{Lrad}}$ 为净长波辐射，W/m^2；Srad 为向下短波辐射，W/m^2；Lrad 为向下长波辐射，W/m^2；a 为地表反照率；Lrad_u 为长波辐射的向外通量密度，W/m^2；T 为空气温度（K）；σ 为斯特芬玻尔兹曼常数，$\sigma = 5.67\times10^{-8}$ W/(m^2·K^4)。

$$R_{ns} = R_n \exp(-k_{Rn}\mathrm{LAI}) \tag{2.20}$$

$$R_{nc} = R_n - R_{ns} \tag{2.21}$$

式中：R_{ns} 为土壤净辐射；R_{nc} 为冠层净辐射，W/m^2；k_{Rn} 为消光系数，$k_{Rn}=0.60$；LAI 为叶面积指数，m^2/m^2。

在 PT-JPL 模型中，将冠层蒸腾作用（E_t）、拦截蒸发（E_i）和土壤蒸发（E_b）合成为 ET：

$$\mathrm{ET} = E_t + E_b + E_i \tag{2.22}$$

$$E_t = (1-f_{\mathrm{wet}})f_g f_t f_m \alpha \frac{\Delta}{\Delta+\gamma}R_{nc} \tag{2.23}$$

$$E_b = (1-f_{\mathrm{wet}}+f_{sm})(1-f_{\mathrm{wet}})\alpha \frac{\Delta}{\Delta+\gamma}(R_{ns}-G) \tag{2.24}$$

$$E_i = f_{\mathrm{wet}}\alpha \frac{\Delta}{\Delta+\gamma}R_{nc} \tag{2.25}$$

式中：f_{wet} 为相对表面湿度；f_g 为绿色冠层参数；f_t 为植物温度约束参数；f_m 为植被湿度约束参数；f_{sm} 为土壤湿度约束参数；G 为土壤热通量，W/m^2；α 为 PT 系数，$\alpha=1.26$；Δ 为饱和蒸汽压曲线的斜率，kPa/℃；γ 为湿度常数，kPa/℃。

$$f_{\mathrm{wet}} = \mathrm{RH}^4 \tag{2.26}$$

$$f_g = \frac{f_{\mathrm{APAR}}}{f_{\mathrm{IPAR}}} \tag{2.27}$$

$$f_t = \exp\left[-\left(\frac{T_{\max}-T_{\mathrm{opt}}}{T_{\mathrm{opt}}}\right)^2\right] \tag{2.28}$$

$$f_m = \frac{f_{\mathrm{APAR}}}{f_{\mathrm{APARmax}}} \tag{2.29}$$

$$f_{sm}=\mathrm{RH}^{\mathrm{VPD}/\beta} \tag{2.30}$$

$$f_{\mathrm{APAR}}=m_1\mathrm{NDVI}+b_1 \tag{2.31}$$

$$f_{\mathrm{IPAR}}=m_2\mathrm{NDVI}+b_2 \tag{2.32}$$

式中：RH 为相对湿度，%；T_{max} 为最大温度，℃；T_{opt} 为植物生长最适温度，℃；VPD 为水汽压饱和差，kPa；NDVI 为归一化植被指数；f_{IPAR} 为光合活性辐射的比例；f_{APAR} 为冠层吸收光合活性辐射的比例；β 为土壤约束对 VPD 的敏感性指数；T 为温度，K。

根据先前研究参数设定为 $m_1=1.3632$，$b_1=-0.048$，$\beta=1.0$kPa[116]；$m_2=1.0$，$b_2=-0.05$[110]。

2.3.9.2 耦合动态植被物候、土地利用变化的 PT-JPL 模型构建

PT-JPL 结合了植被动力学，同时将一个像元划分为土壤、植物两部分，因此该模型为分离植被物候与土地利用两种植被动态对蒸散发的影响提供了可能。为了基于 PT-JPL 模型使用情景模拟的方法定量计算植被物候与土地利用变化对蒸散发与水分利用效率的影响，需要使 PT-JPL 模型具有动态的植被物候与土地利用的信息，有研究表明，在 PT-JPL 模型中 m_1、β、T_{opt} 是最敏感的参数[177-178]，其中参数 T_{opt} 是植物生长的最佳温度，在 PT-JPL 模型中最初设定为 25℃，由于生长季节的平均温度与 T_{opt} 有很强的相关性，因此，T_{opt} 在本研究中使用了基于遥感数据提取出的植被生长季节的平均温度；而 m_1、β 与土地利用有关，本书使用通量站所在像元以优化的方式得到不同土地利用类型的 m_1、β，例如，使 m_1 从 0 开始，以 1 为最大值，按步长 0.1 取值输入模型，取误差指标最小时的 m_1 作为该土地利用类型的取值。

2.3.9.3 情景实验设计

为了检验和量化植被动态变化（植被物候变化、土地利用变化）对研究区蒸散发、水分利用效率的影响，构建了三种不同情景下 PT-JPL 模型模拟实验，三种情景及实现方法见表 2.2。

表 2.2 三种 PT-JPL 模型情景实验

序号	情景名称	符号	实现方法
1	实际情景	ET_{ALL}	逐年动态 T_{opt}、m_1、β
2	静态植被物候变化情景	ET_{PHEN}	基于 1982 年固定 T_{opt}
3	静态土地利用变化情景	ET_{LUCC}	基于 1982 年固定 m_1、β

2.3.10 标准化降水蒸散指数的计算

目前，国内外提出了很多表征旱涝状况的指数，其中，应用相对广泛的

是标准化降水蒸散指数（SPEI），其原理是利用蒸散量与降水量之间的差异大小来代表地区干旱情况。该指标不仅考虑了干旱对降水和蒸散的响应，还具有可以反映不同时间尺度及计算简便的优点。气候变暖背景下，应用 SPEI 指数对气象干旱评价较为合理。具体步骤如下：

计算潜在蒸散量（PET），采用 Thornthwaite 方法：

$$PET_i = 16.0 \times \left(\frac{10T_i}{H}\right)A \tag{2.33}$$

式中：T_i 为 30d 的平均气温；H 为年热量指数；A 为常量。

$$H_i = \left(\frac{T_i}{5}\right)^{1.514} \tag{2.34}$$

$$H = \sum_{i=1}^{12} H_i = \sum_{i=1}^{12} \left(\frac{T_i}{5}\right)^{1.514} \tag{2.35}$$

计算逐月降水量与蒸散量的差值，具体公式如下：

$$D_i = P_i - PET_i \tag{2.36}$$

式中：PET_i 为月蒸散量；P_i 为月降水量；D_i 为降水量与蒸散量的差值。

2.3.11　极端干旱事件的识别

本书所采用的干旱指数是标准化蒸散降水指数（standardized precipitation evapotranspiration index，SPEI）。本书采用 2000—2017 年三个月尺度的 SPEI - 3 反映区域累积三个月的气象干旱环境。

极端干旱事件（extreme drought events，EDE）的开始被定义为标准化异常 3 个月 $SPEI_{SA} < -0.5$ 的第一个月，结束被定义为 $SPEI_{SA} > -0.5$ 的第一个月。空间 $SPEI_{SA}$ 计算如下：

$$SPEI_{SA} = \frac{SPEI^{i,t} - mean(SPEI^{i,t})}{\sigma(SPEI^{i,t})} \tag{2.37}$$

式中：$SPEI^{i,t}$ 为干旱时第 t 月第 i 像素干旱指数 SPEI 的值；$mean(SPEI^{i,t})$ 为第 t 月第 i 像素干旱指数 SPEI 在 2000—2017 年的平均值；$\sigma(SPEI^{i,t})$ 为各干旱指数在 2000—2017 年时间序列上的标准差；$SPEI_{SA}$ 为季节性调整的干旱指数。

为了量化 EDE 的干旱严重程度，根据干旱持续时间和干旱事件期间的平均 SPEI 定义了干旱严重程度指数（DSI）。DSI 计算公式如下：

$$DSI = d_{month} \times mean(SPEI_{SA}) \tag{2.38}$$

式中：d_{month} 为极端干旱持续时间的月份数，d_{month} 值高表示干旱持续时间长，d_{month} 值低则相反；$mean(SPEI_{SA})$ 为 EDE 期间 $SPEI_{SA}$ 的平均值，表示干旱严重程度，$mean(SPEI_{SA})$ 较低表明干旱胁迫严重。

因此，低 DSI 值表明干旱事件严重且干旱持续时间长。在空间上，使用平均 DSI_{avg} 来表示一段时间内一个像素的严重程度。

$$DSI_{avg} = \frac{\sum_{t=1}^{n} DSI_t}{n} \tag{2.39}$$

式中：DSI_{avg} 为从第 i 年到第 n 年的一个像素的平均 DSI。

第3章 碳-水利用效率时空分布特征

通过遥感数据计算得出2000—2017年的碳利用效率和水分利用效率，并对其时空分布规律进行研究。研究碳利用效率和水分利用效率的时空分布规律对于生态系统健康评估、碳循环研究、水循环研究、气候变化影响评估、土地利用管理以及生态系统管理和修复具有重要意义，有助于实现生态环境保护、气候变化适应和可持续发展的目标。

3.1 气候和植被因子、土地利用变化的空间格局与演变趋势

3.1.1 气候和植被因子的时空分布规律

采用Theil-Sen趋势分析和Mann-Kendall趋势检验方法分析中国九大流域片气候因素和植被因子的时空分布规律。2000—2017年，中国降水量（Pre）、气温（Temp）、太阳辐射（Srad）、比湿（Shum）、饱和气压差（VPD）和风速（WS）均具有明显的空间异质性。受海陆位置影响，年降水量分布格局为东南高、西北低，多年平均年降水量为572.60mm，在季风气候影响下，东南诸河和珠江流域降水量丰富，年降水量均值分别为1725.77mm、1509.90mm；内陆河降水稀少，年降水量均值为146.99mm（图3.1）。年均降水量的趋势在空间上也有差异，范围在－23.56～34.80mm之间，显著增加的区域约占植被面积的3.42%。

中国年均气温变化在不同地理区域表现出不同的特征。气温呈现出自东南向西北逐渐加速升高的趋势，从空间分布上看，平均气温整体呈现出纬向地带性的分布规律，即随着纬度的增加，气温逐渐降低。中国年平均气温为6.89℃（图3.1）。年均气温低值集中在内陆河，高值区在东南诸河。经显著性水平检验，全国仅黄河流域以南、内陆河中部等区域气温变化趋势不明显，其余地区年均气温多呈现显著上升的趋势。年平均气温的趋势在空间上的变化范围在－0.29～0.45℃之间，66.59%的植被面积显示出温度上升，

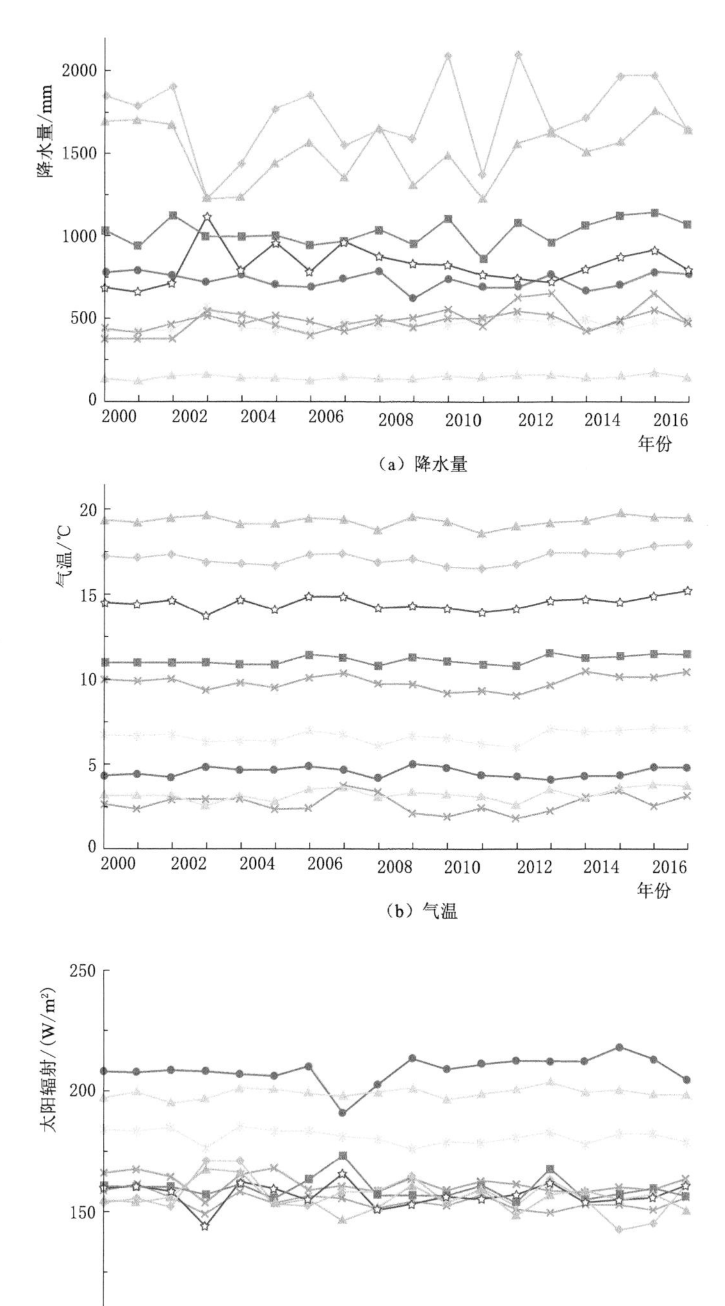

图 3.1（一） 中国九大流域片气候因素和植被因子的年际变化

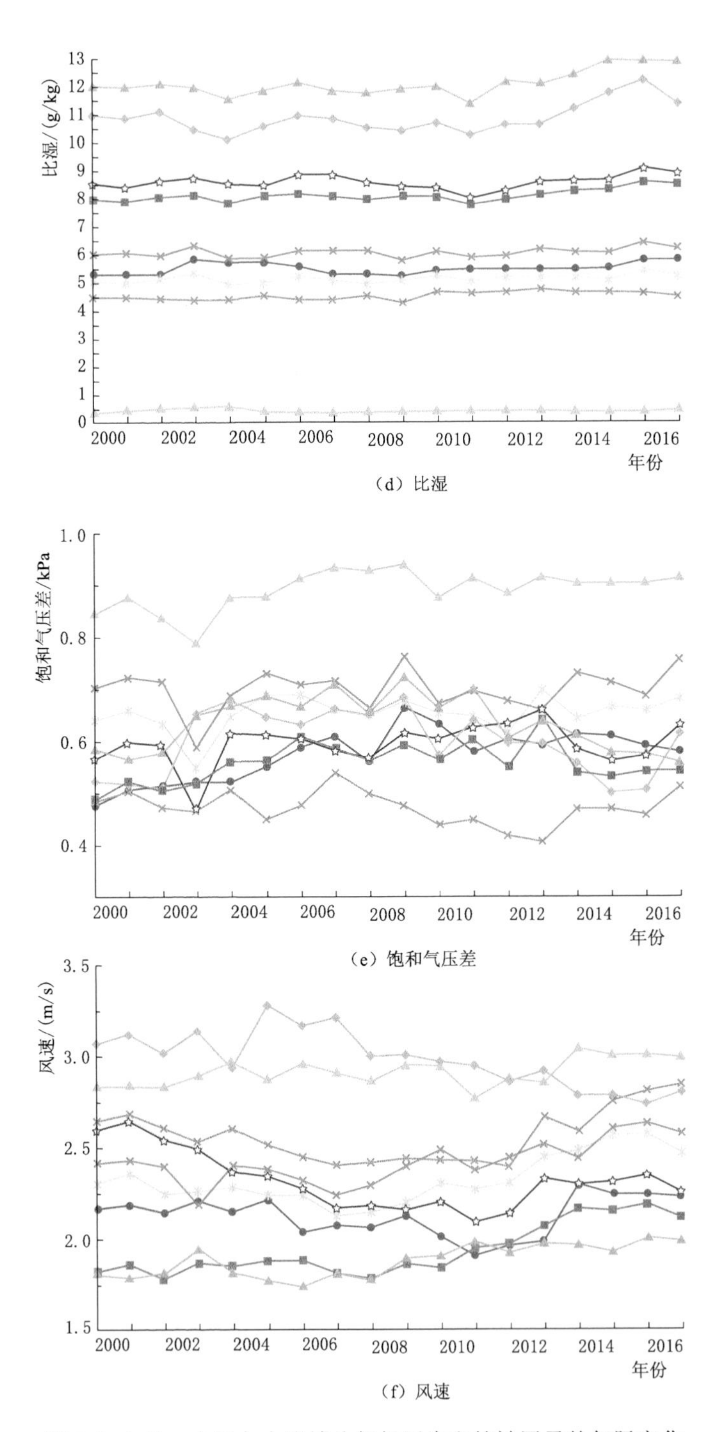

(d) 比湿

(e) 饱和气压差

(f) 风速

图 3.1（二）　中国九大流域片气候因素和植被因子的年际变化

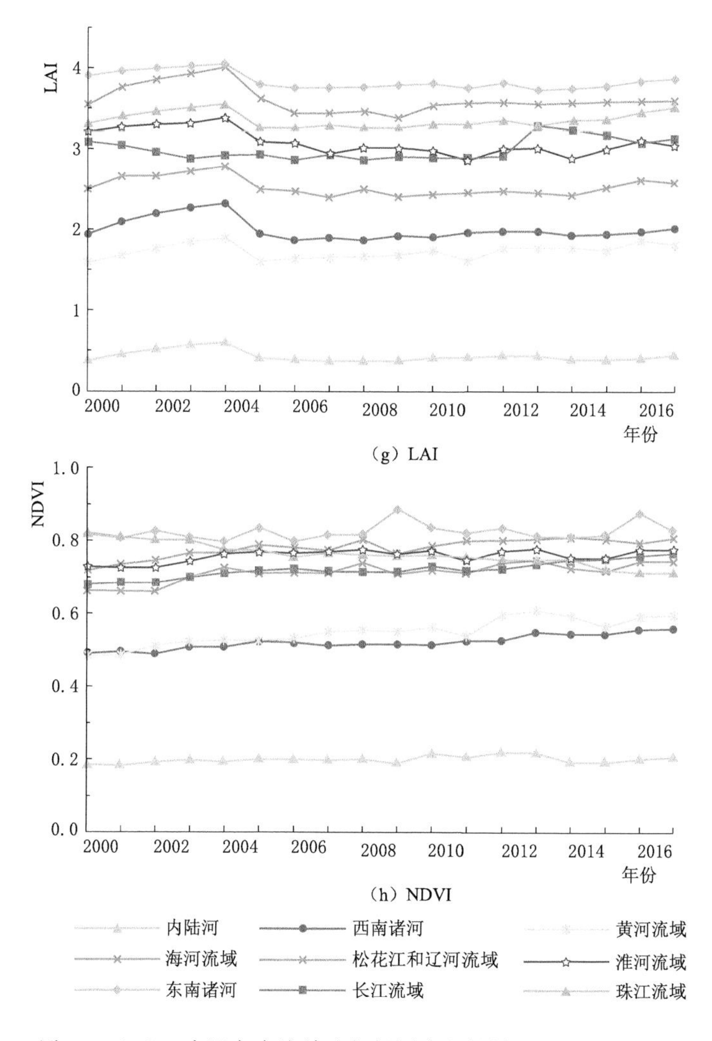

图 3.1（三） 中国九大流域片气候因素和植被因子的年际变化

除松花江和辽河流域、黄河流域和长江流域的部分地区外，几乎整个中国都呈现温度上升趋势。

从中国 2000—2017 年短波太阳辐射的空间分布来看，尽管地表太阳辐射在不同年份可能存在差异，但仍然存在一些共性特征，地形较高的地区通常具有较高的地表太阳辐射；相反，地形较低的地区地表太阳辐射较低。短波太阳辐射的高值在西南诸河和内陆河，约为 208.85W/m^2 和 199.53W/m^2（图 3.1）。除了东南诸河，从中国的西北地区到东南诸河，地表所接收的太阳辐射呈现出显著的递减趋势。短波太阳辐射变化范围为－2.82～3.66W/m^2，面积显著减少和增加，分别占植被面积的11.99%和9.12%。

分析2000—2017年中国地区VPD值的年尺度分布情况。2000—2017年多年平均VPD值为0.69kPa，内陆河的VPD较高，约为0.89kPa（图3.1），这与内陆河干旱少雨的气候特点相符，长江流域、松花江和辽河流域的VPD相对较低。从多年风速可看出，中国大部分地区年平均风速在1～4m/s之间，总体而言，中国的风速呈现出从北向南、从沿海地区向内陆地区递减的趋势。松花江和辽河流域以及内陆河的平均风速高于其他地区，分别是2.57m/s和2.93m/s，东南诸河的平均风速为2.98m/s，东南诸河由于海面摩擦力较小，导致空气动能的损失相对较少，因而该区域的风速相对较大。年平均风速的变化趋势为−0.39～0.26m/s，显著下降的区域占植被面积的19.62%，显著增加的区域占34.56%。18年间中国平均NDVI为0.52，NDVI的空间分布表现出自西北向东南逐渐增加的趋势。在内陆河地区，NDVI值较低，约为0.21；而在东南诸河、松花江和辽河流域等地区，NDVI值较高，约为0.82和0.81（图3.1）。NDVI值的趋势为−0.05～0.06，44.53%的植被面积出现了显著上升的趋势。2000—2017年，中国年平均LAI值为2.00。空间分布自西北向东南逐渐增加，高值主要分布在东南诸河、珠江流域、松花江和辽河流域，分别约为3.89、3.53和3.61，低值主要分布在内陆河，约为0.45（图3.1）。LAI的范围为−0.3～0.31，显著增加的区域占植被面积的6.11%。

不同土地利用类型的气候因素和植被因子的年际变化也各不相同。森林的降水量最高，为1039.57mm；其次是灌木，为1009.48mm；裸地的降水量最低，为102.71mm。不透水面的年平均气温最高，为13.55℃；其次是森林的气温，为12.21℃；冰/雪的气温最低，为−9.265℃。冰/雪的短波太阳辐射最高，为205.53W/m^2；其次是草地的短波太阳辐射，为200.77W/m^2；森林的短波太阳辐射最低，为155.87W/m^2。湿地的饱和水汽压最低，为0.42kPa，裸地的饱和水汽压最高，为0.99kPa；其次为冰/雪，为0.77kPa。裸地的平均风速最高，为2.86m/s；灌木的平均风速最低，为1.89m/s。灌木的平均湿度最高，为8.48g/kg；其次是不透水面的平均湿度，为8.04g/kg；冰/雪的平均湿度最低，为2.65g/kg。森林的植被归一化指数最高，为0.76；其次是灌木的植被归一化指数，为0.72，裸地的植被归一化指数最低，为0.09。森林的叶面积指数最高，为3.67；其次是灌木，为3.08，裸地的叶面积指数最低，为0.20（图3.2）。

为进一步分析气候因素和植被因子的变化规律，计算了各气候因素和植被因子变化趋势对应的面积比例，见表3.1。

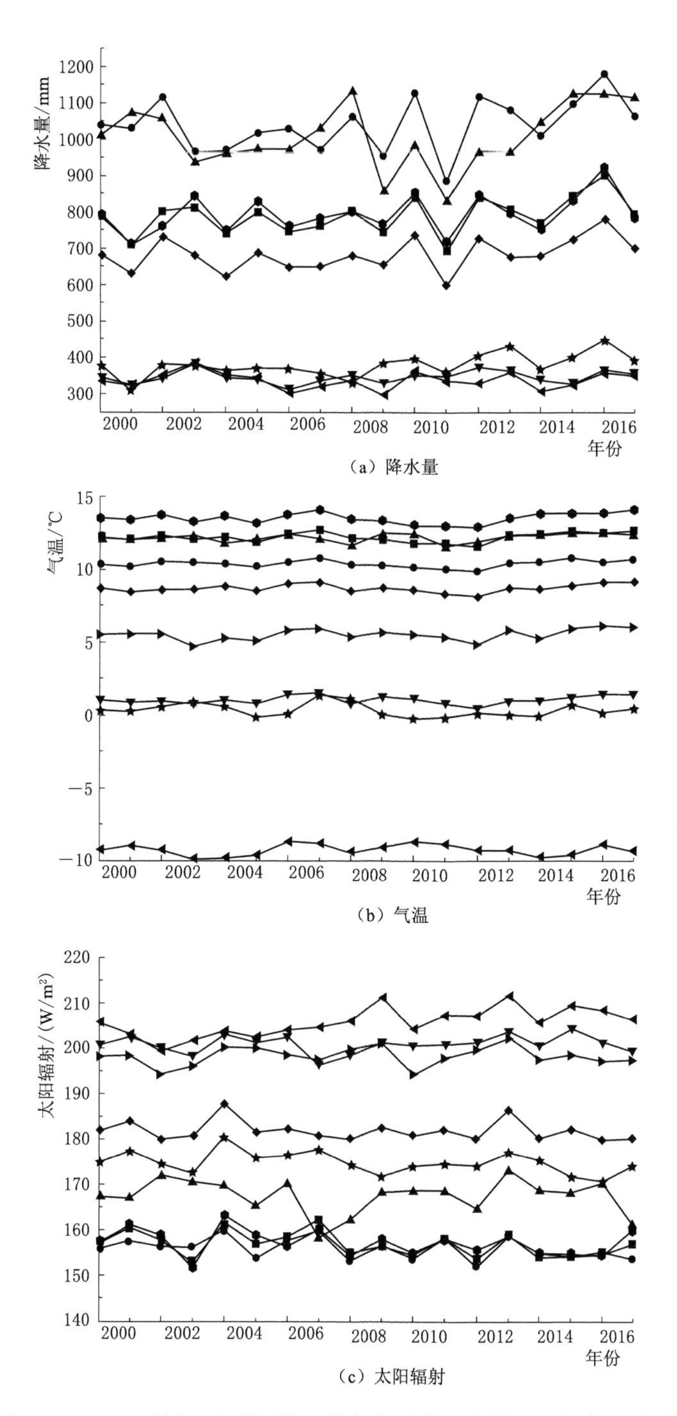

图 3.2（一） 不同土地利用类型的气候因素和植被因子的年际变化

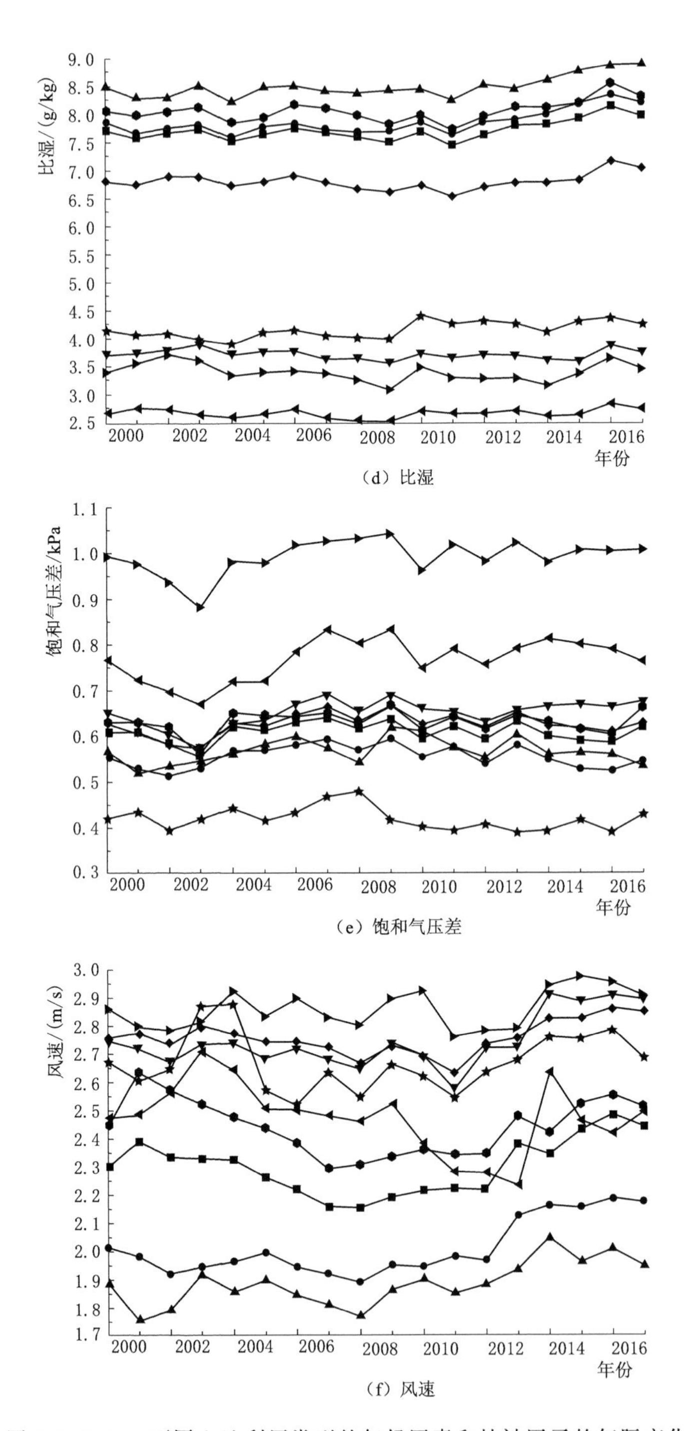

（d）比湿

（e）饱和气压差

（f）风速

图3.2（二）　不同土地利用类型的气候因素和植被因子的年际变化

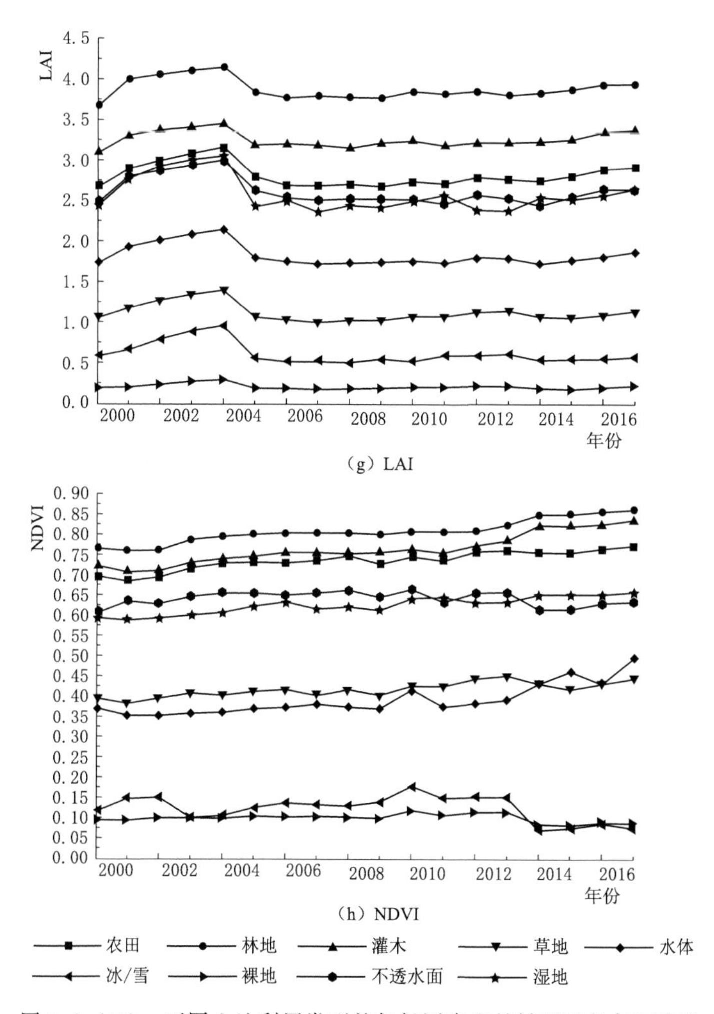

图 3.2（三） 不同土地利用类型的气候因素和植被因子的年际变化

表 3.1 各气候因素和植被因子趋势对应的面积比例

驱动因子	显著减少	轻微减少	基本不变	轻微增加	显著增加
降水量（Pre）	0.38%	8.34%	47.54%	40.31%	3.42%
气温（Temp）	5.89%	26.57%	0.94%	51.29%	15.30%
太阳辐射（Srad）	11.99%	46.41%	1.48%	30.99%	9.12%
比湿（Shum）	10.82%	27.43%	1.33%	40.27%	20.16%
饱和气压差（VPD）	2.21%	26.51%	8.77%	44.42%	18.08%
风速（WS）	19.62%	20.09%	1.02%	24.70%	34.56%

续表

驱动因子	显著减少	轻微减少	基本不变	轻微增加	显著增加
LAI	16.20%	43.44%	12.22%	22.03%	6.11%
NDVI	4.90%	17.95%	10.32%	22.30%	44.53%
气候因素	70.70%	71.68%	73.04%	83.96%	66.53%
植被因子	29.30%	28.32%	26.96%	16.04%	33.47%

3.1.2 土地利用的时空分布规律

利用CLCD数据集和土地利用转化矩阵对2000—2017年土地利用时空变化进行了估算（图3.3），土地利用变化和空间分布表明，18年来，中国土地覆盖发生了巨大变化。中国9种土地利用类型的变化面积占总面积的19.3%。从土地利用的转移矩阵来看（表3.2～表3.8），2000—2017年，中国主要以耕地、草地、林地、不透水面为主，其中草地所占面积最大。

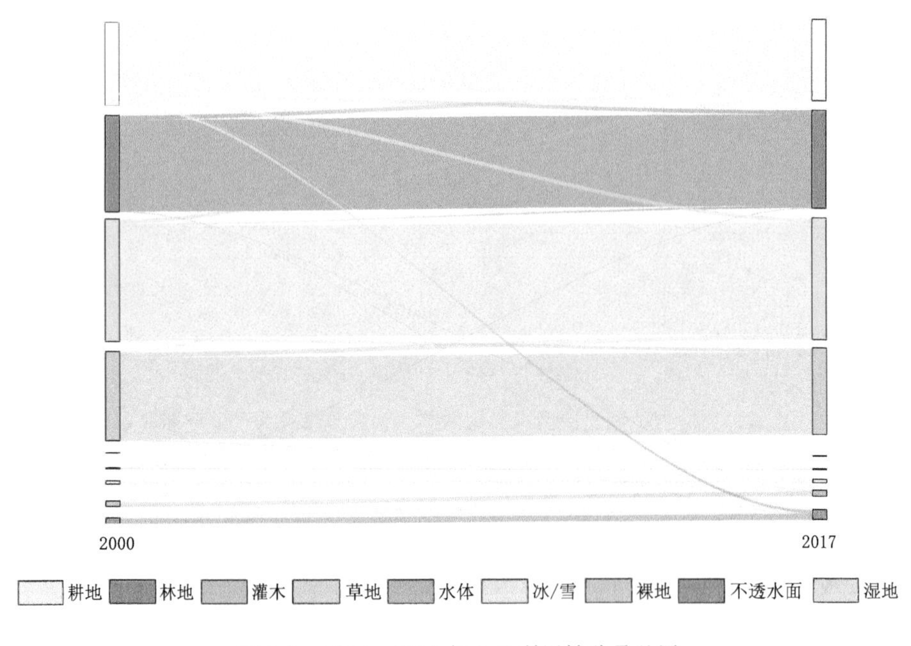

图3.3 2000—2017年土地利用转移桑基图

统计表明，2000年土地利用类型的占比分别为：耕地（20.55%）、林地（24.86%）、灌木（0.40%）、草地（29.81%）、水体（1.43%）、冰/雪（0.80%）、裸地（20.53%）、不透水面（1.59%）、湿地（0.03%）。

表 3.2　　2000—2003 年中国土地覆被类型间的转移面积　　单位：km^2

土地利用类型	耕地	林地	灌木	草地	水体	冰/雪	裸地	不透水面	湿地	总计（2000 年）
耕地	1495088.70	209442.14	5257.89	126123.36	25037.16	0.20	7107.92	79459.27	387.62	1947904.26
林地	217556.75	2016777.71	16203.92	93731.48	6901.12	222.27	420.96	6792.95	191.75	2358798.92
灌木	4914.96	16010.62	11352.54	5494.81	60.35		2.86	27.11		37863.25
草地	119428.03	99689.04	6109.30	2444377.41	9098.65	9162.66	136924.08	4316.09	219.87	2829325.14
水体	23479.06	6858.95	53.57	8188.70	88517.97	472.39	3512.55	4113.06	18.28	135214.53
冰/雪	0.01	220.38	1.45	8870.24	653.54	50016.66	16432.48		4.47	76199.23
裸地	8587.82	449.10	1.04	152083.84	5420.06	18483.12	1762177.33	991.27	201.97	1948395.55
不透水面	70353.24	6254.13	21.50	3805.52	4059.25		728.73	65348.45	3.25	150574.07
湿地	512.78	222.31	1.31	541.41	24.55	2.36	239.01	5.39	896.76	2445.87
总计（2003 年）	1939921.35	2355924.37	39002.53	2843216.78	139772.65	78359.66	1927545.93	161053.59	1923.97	9486720.83

表 3.3　　2003—2006 年中国土地覆被类型间的转移面积　　单位：km^2

土地利用类型	耕地	林地	灌木	草地	水体	冰/雪	裸地	不透水面	湿地	总计（2003 年）
耕地	1843807	37433.96	1063.35	41971.12	5143.68			12521.64		1941941
林地	30887.03	2324599	2871.98					332.10		2358690
灌木	1646.477	3944.68	31415.58	2008.20						39014.95
草地	31956.61	10095.58	1398.57	2755689	2751.92		41260.14	1319.05	102.90	2844574
水体	3317.90	163.71		569.09	134760.10		1082.06	1117.92		141010.7
冰/雪				204.25	319.63	75187.54	3321.02			79032.44
裸地	1306.58			43987.12	2189.07	6263.16	1874545	506.73		1928797
不透水面					1345.56			160720.10		162065.7
湿地	183.98			112.26	12.47				1621.53	1930.244
总计（2006 年）	1913106	2376237	36749.48	2844541	146522.4	81450.7	1920208	176517.60	1724.44	9497056

表 3.4　2006—2009 年中国土地覆被类型间的转移面积　　单位：km^2

土地利用类型	耕地	林地	灌木	草地	水体	冰/雪	裸地	不透水面	湿地	总计（2006 年）
耕地	1823749	37953.16	1601.26	30202.56	5053.25			14547		1913106
林地	30975.9	2341411	3441.07					408.51		2376237
灌木	1284.75	3678.06	30149.54	1637.12						36749.48
草地	34814.56	6927.36	1367.38	2764660	1108.57		33816.7	1697.93	148.12	2844541
水体	3016.98	304.04		1024.37	139683.90		938.61	1554.49		146522.40
冰/雪				218.28	188.66	78592.75	2451.01			81450.70
裸地	1247.33	1.56		45777.04	1404.81	9100.83	1862330	346.13		1920208
不透水面					1237.98			175279.60		176517.60
湿地	141.88			79.52	6.24				1496.80	1724.44
总计（2009 年）	1895230	2390276	36559.27	2843599	148683.4	87693.59	1899537	193833.6	1644.92	9497056

表 3.5　2009—2012 年中国土地覆被类型间的转移面积　　单位：km^2

土地利用类型	耕地	林地	灌木	草地	水体	冰/雪	裸地	不透水面	湿地	总计（2009 年）
耕地	1818265.26	30336.64	979.15	27829.51	3466.02			14353.66		1895230.25
林地	32477.38	2354516.15	2765.96					516.08		2390275.56
灌木	1384.54	3458.22	30452.02	1264.48						36559.27
草地	36220.93	8045.28	915.23	2760472.42	1203.67		35168.49	1375.18	202.69	2843603.90
水体	3827.75	87.31		686.03	142134.90		829.47	1117.92		148683.39
冰/雪				157.48	290.00	82412.70	4833.41			87693.59
裸地	1485.88	9.35		32636.41	2118.90	3378.71	1859611.16	296.24		1899536.66
不透水面					1130.39			192703.25		193833.64
湿地	106.02			57.69	3.12				1478.09	1644.92
总计（2012 年）	1893767.75	2396452.97	35112.36	2823104.02	150347.02	85791.41	1900442.53	210362.34	1680.78	9497061.17

表 3.6　2012—2015 年中国土地覆被类型间的转移面积　单位：km^2

土地利用类型	耕地	林地	灌木	草地	水体	冰/雪	裸地	不透水面	湿地	总计（2012 年）
耕地	1804480.70	35856.08	935.50	31649.46	4702.44			16143.58		1893767.75
林地	50767.92	2341455.04	3687.42					542.59		2396452.97
灌木	2298.21	3561.13	27335.25	1919.33						35113.92
草地	37613.26	8558.25	1091.41	2728824.52	1147.54		44266.21	1485.88	116.94	2823104.02
水体	4125.55	129.41		1250.45	141606.34		1702.61	1532.66		150347.02
冰/雪				547.27	318.07	74004.14	10921.94			85791.41
裸地	1774.33	1.56		49087.14	1958.31	9055.62	1838121.21	444.36		1900442.53
不透水面					1163.14			209199.20		210362.34
湿地	104.46			182.42	6.24				1387.66	1680.78
总计（2015 年）	1901164.42	2389561.47	33049.59	2813460.59	150902.08	83059.76	1895011.96	229348.27	1504.59	9497062.73

表 3.7　2015—2017 年中国土地覆被类型间的转移面积　单位：km^2

土地利用类型	耕地	林地	灌木	草地	水体	冰/雪	裸地	不透水面	湿地	总计（2015 年）
耕地	1842907.84	26881.54	774.90	21159.41	1927.13			7513.61		1901164.42
林地	23265.84	2363114.94	2870.42					310.27		2389561.47
灌木	912.11	2084.60	29086.19	966.68						33049.59
草地	20909.94	5170.19	672.00	2760587.80	785.82		24220.05	990.07	124.73	2813460.59
水体	2960.85	57.69		860.66	145775.55		555.06	692.27		150902.08
冰/雪				238.55	174.63	80672.68	1973.90			83059.76

续表

土地利用类型	耕地	林地	灌木	草地	水体	冰/雪	裸地	不透水面	湿地	总计（2015年）
裸地	684.47	3.12		29401.15	1863.20	3607.90	1859140.29	311.83		1895011.96
不透水面					645.49			228702.78		229348.27
湿地	54.57			46.77	12.47				1390.77	1504.59
总计（2017年）	1891695.62	2397312.07	33403.52	2813261.02	151184.29	84280.58	1885889.30	238520.83	1515.51	9497062.73

表3.8　2000—2017年中国土地覆被类型间的转移面积　　单位：km^2

土地利用类型	耕地	林地	灌木	草地	水体	冰/雪	裸地	不透水面	湿地	总计（2000年）
耕地	2626859.97	145923.75	3314.21	153460.58	22448.89		1419.59	112662.26	29.67	3066118.93
林地	153627.28	3391988.52	12478.97	4166.27	465.81			4686.61		3567413.46
灌木	5574.58	16315.66	22452.11	6087.91	4.78	2.43		4.70		50442.16
草地	161443.06	73467.09	4581.99	4142176.10	8538.25	2292.73	128794.41	11299.32	555.43	4533148.40
水体	14027.00	1124.71		3743.61	176372.88	109.44	3517.68	7862.64	2.59	206760.54
冰/雪		14.80		1765.79	1362.09	101546.32	11200.90		2.56	115892.47
裸地	21625.75	37.09		188639.54	15239.50	25292.25	3052731.12	3963.32		3307528.57
不透水面	991.21	9.29		24.18	5391.66		54.83	231376.08		237847.25
湿地	1729.58	94.06		681.91	83.41		5.38	6.55	2264.99	4865.89
总计（2017年）	2985878.44	3628974.96	42827.28	4500745.89	229907.28	129243.17	3197723.92	371861.49	2855.24	15090017.67
变化率	−2.62%	1.73%	−15.10%	−0.72%	11.19%	11.52%	−3.32%	56.345%	−41.32%	

2003 年土地利用类型的占比分别为：耕地（20.46%）、林地（24.84%）、灌木（0.41%）、草地（29.95%）、水体（1.48%）、冰/雪（0.83%）、裸地（20.31%）、不透水面（1.70%）、湿地（0.02%）。

2006 年土地利用类型的占比分别为：耕地（20.15%）、林地（25.02%）、灌木（0.39%）、草地（29.95%）、水体（1.54%）、冰/雪（0.85%）、裸地（20.22%）、不透水面（1.86%）、湿地（0.02%）。

2009 年土地利用类型的占比分别为：耕地（19.96%）、林地（25.18%）、灌木（0.38%）、草地（29.94%）、水体（1.56%）、冰/雪（0.92%）、裸地（20.00%）、不透水面（2.04%）、湿地（0.02%）。

2012 年土地利用类型的占比分别为：耕地（19.94%）、林地（25.25%）、灌木（0.37%）、草地（29.73%）、水体（1.58%）、冰/雪（0.90%）、裸地（20.01%）、不透水面（2.21%）、湿地（0.02%）。

2015 年土地利用类型的占比分别为：耕地（19.91%）、林地（25.26%）、灌木（0.35%）、草地（29.63%）、水体（1.59%）、冰/雪（0.88%）、裸地（19.85%）、不透水面（2.51%）、湿地（0.02%）。

2017 年土地利用类型的占比分别为：耕地（19.91%）、林地（25.26%）、灌木（0.35%）、草地（29.63%）、水体（1.59%）、冰/雪（0.88%）、裸地（19.85%）、不透水面（2.51%）、湿地（0.02%）。

林地面积：2000 年为 3567413.46km^2，2017 年为 3628974.96km^2，总共增加了 61561.5km^2。耕地面积：2000 年为 3066118.93km^2，2017 年为 2985878.44km^2，减少了－80240.49km^2（－2.62%）。草地面积：2000 年为 4533148.40km^2，2017 年为 4500745.89km^2，减少了 32402.51km^2（－0.72%）。灌木面积：2000 年为 50442.16km^2，2017 年为 42827.28km^2，减少了 7614.88km^2（－15.10%）。水体面积：2000 年为 206760.54km^2，2017 年为 229907.28km^2，增加了 23146.74km^2（11.19%）。冰/雪面积：2000 年为 115892.47km^2，2017 年为 129243.18km^2，增加了 13350.70km^2（11.52%）。不透水面面积：2000 年为 237847.25km^2，2017 年为 371861.49km^2，增加了 134014.24km^2（56.34%）。裸地面积：2000 年为 3307528.57km^2，2017 年为 3197723.92km^2，减少了 109804.65km^2（－3.32%）。湿地面积：2000 年为 4865.89km^2，2017 年为 2855.24km^2，减少了 2010.65km^2（－41.32%）。

将转换矩阵与九大流域片转换面积（图 3.4）耦合，得到 2000—2017 年中国 LUCC 的空间变化。土地利用变化主要表现为耕地和草地减少、林地增加、建设用地扩展等四个方面。

（1）耕地面积略有减少（－80240.49km^2），尤其是在长江流域（－35097.76km^2）和黄河流域（－33134.88km^2）。新增耕地主要是草地、

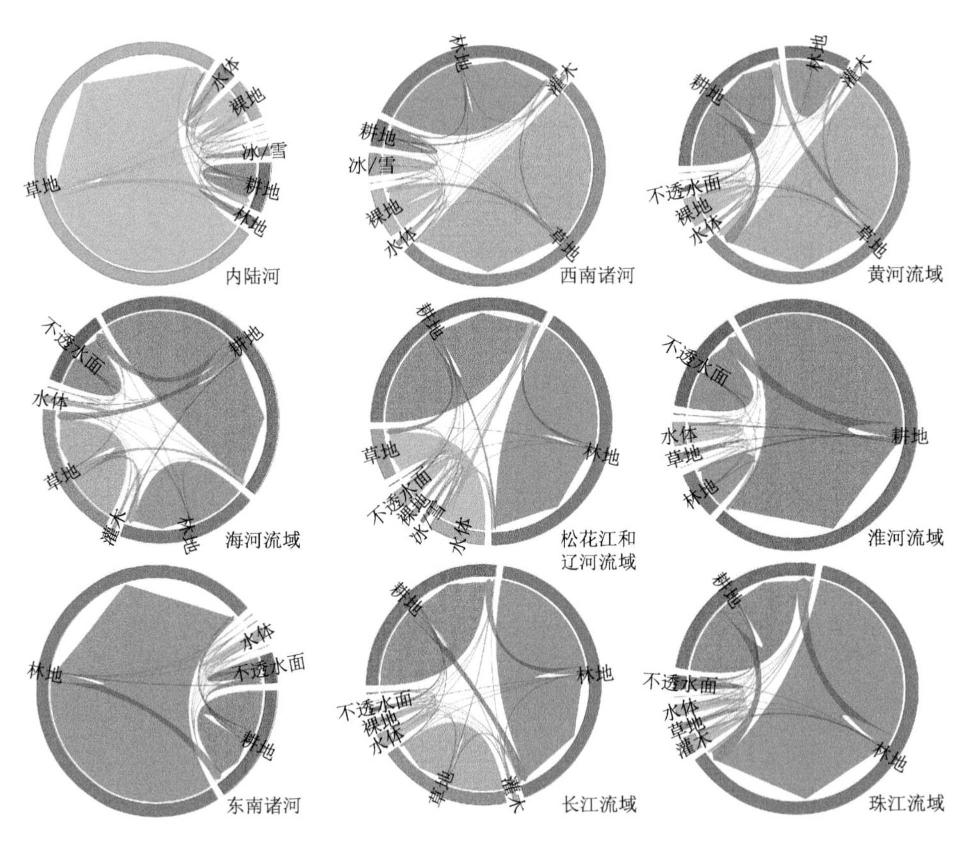

图 3.4　2000—2017 年中国九大流域片土地利用转换关系

（注：圆弧颜色代表土地利用类型，弦的颜色代表土地转换类型，弦的宽度代表土地利用转换量。）

林地和不透水面的转化（分别为 153460.58km^2、145923.75km^2 和 112662.26km^2）。

（2）草地面积呈减少趋势，总面积为 32402.51km^2，其中长江流域草地面积减少最多，为 15930.64km^2，约占草地减少面积的 49.16%。草地减少主要转化为林地，面积为 13318.92km^2，占草地减少总面积的 41.10%。除长江流域外，大部分流域草地面积减少。

（3）林地面积增加 61561.50km^2，新增林地主要分布在内陆和黄河流域，主要由草地（61.57%）和耕地（31.01%）转化而来。海河、淮河、黄河、松花江和辽河流域以及内陆河林地流失主要集中在草地（48.49%）和耕地（32.70%）。

（4）各地区不透水面增加（共增加 134014.24km^2），土地利用数据将不透水面定义为建设用地，城市化速度加快是 18 年来 LUCC 比较明显的特征。城镇新增面积的 15.32%转为从耕地。在此期间，229907.28km^2 的水体由其他土地利用类型转化而来。与此同时，206760.54km² 的水体被转换为其他土地利用类型。

3.2 水分利用效率时空分布规律

2000—2017年，WUE的空间变异性取决于NPP和ET的变化幅度和模式，中国NPP的年平均值为421.72gC/m²，变化范围为373.54～448.13gC/m²。尽管各年间变化较大，但研究期间NPP呈稳定增长趋势（$R^2=0.7823$，$P<0.001$），表明该地区生态系统的NPP得到了极大的刺激。总体而言，中国ET在18年间表现为轻微的减少。年平均ET在2003年达到最高值437.16mm，在2009年达到最低值404.82mm。中国植被的水分利用效率呈显著增加趋势，年平均增加0.0093gC/(mm·m²)（$R^2=0.7558$，$P<0.001$），从2000年到2017年提高了2.553%。时间上，变化范围为2000年的0.871gC/(mm·m²)至2017年的1.064gC/(mm·m²)，平均值为0.998gC/(mm·m²)（图3.5）。在过去18年中，所有地区的WUE呈上升趋势，九大流域片中，内陆河和西南诸河的WUE较低，珠江流域和东南诸河的WUE较高。不同流域的WUE空间分布和变化速率不同。中国九大流域片的年平均水分利用效率依次为珠江流域[1.184gC/(mm·m²)]、东南诸河[1.073gC/(mm·m²)]、松花江和辽河流域[0.922gC/(mm·m²)]、长江流域[0.893gC/(mm·m²)]、淮河流域[0.717gC/(mm·m²)]、海河流域[0.706gC/(mm·m²)]、西南诸河[0.691gC/(mm·m²)]、黄河流域[0.652gC/(mm·m²)]、内陆河[0.529gC/(mm·m²)]（图3.6）。

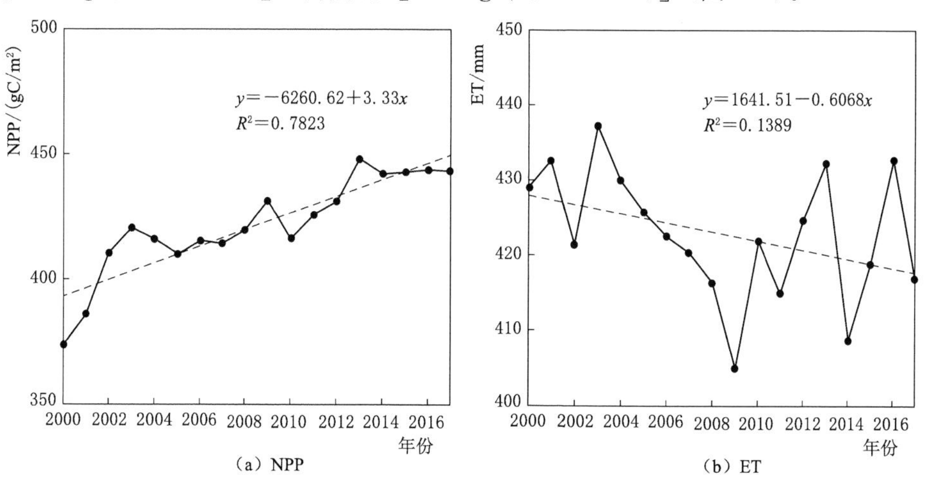

图3.5（一） 中国2000—2017年NPP、ET和WUE的年变化趋势曲线

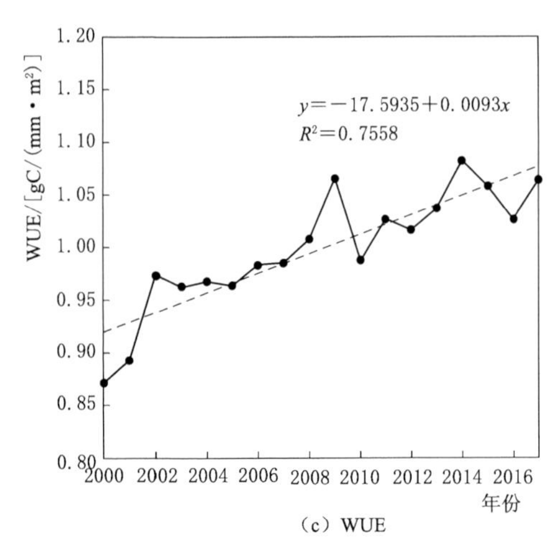

（c）WUE

图 3.5（二） 中国 2000—2017 年 NPP、ET 和 WUE 的年变化趋势曲线

NPP 空间异质性主要表现为东南高、西北低，ET 的空间分布也是东南高、西北低，WUE 和 NPP 的空间分布基本一致。全国 NPP 显著改善的流域主要为淮河流域、黄河流域、松花江和辽河流域、长江流域、淮河流域和珠

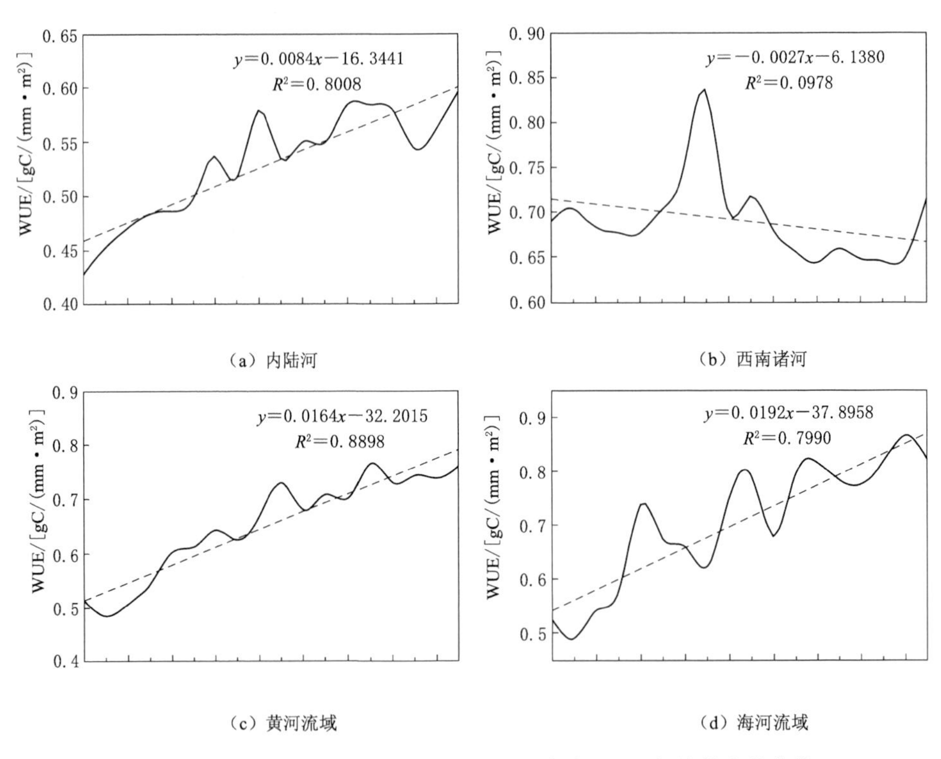

图 3.6（一） 中国 2000—2017 年九大流域片 WUE 年均值变化曲线

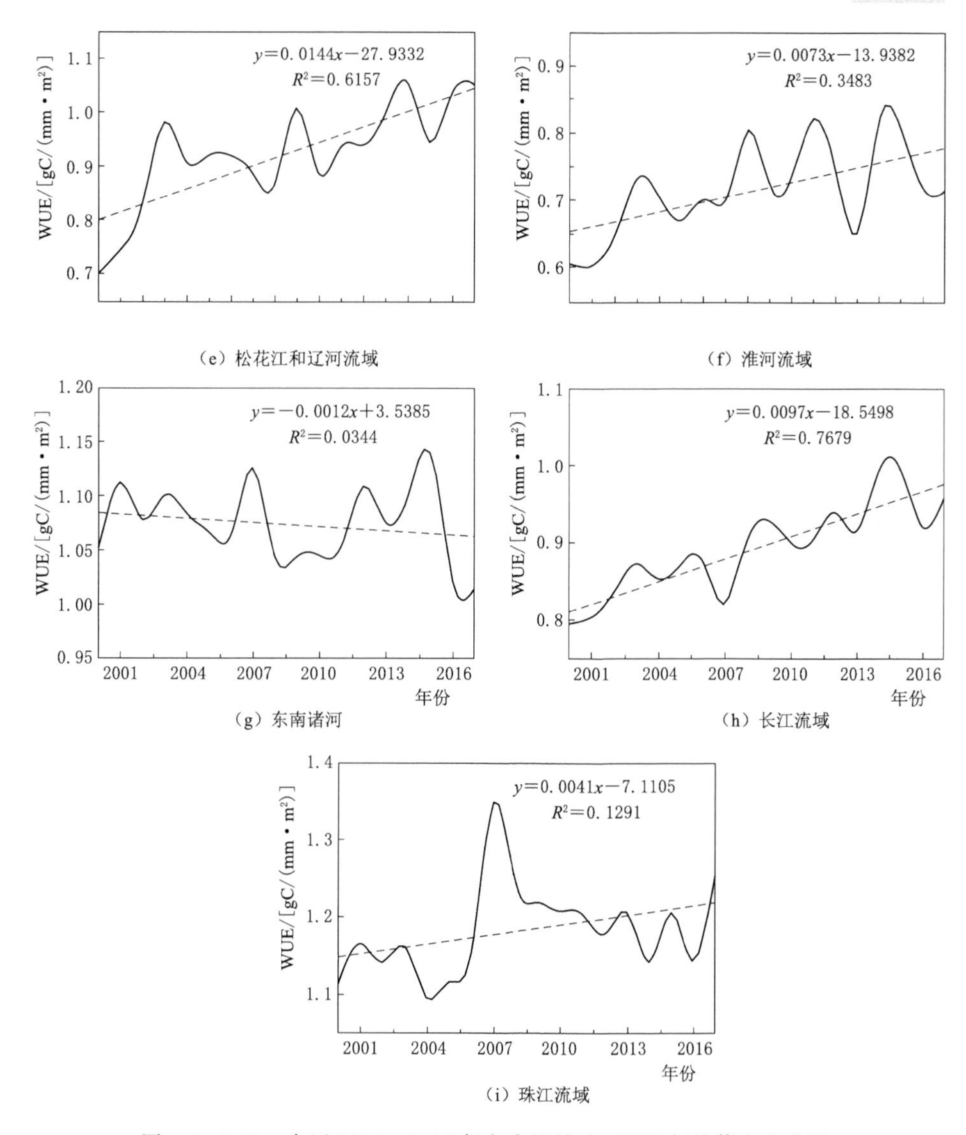

图 3.6（二） 中国 2000—2017 年九大流域片 WUE 年均值变化曲线

江流域。ET 显著改善的地区主要分布在西南诸河、内陆河、东南诸河和淮河流域。WUE 和 NPP 年际变化的空间分布基本一致（图 3.7）。

为了更具体地分析不同流域水分利用效率的动态变化，利用 Mann－Kendall 法计算每个像元的 Z 值，并按 $Z=\pm1.96(P<0.05)$ 将所有像元分为 5 个等级。研究区 81.09%的区域 WUE 呈上升趋势，其中海河流域和黄河流域 WUE 上升趋势尤为明显。52.10%的像元表现出显著的 WUE 增加趋势（$Z>1.96$），且主要分布在海河流域和黄河流域；28.99%的像元表现出不显著的 WUE 增加趋

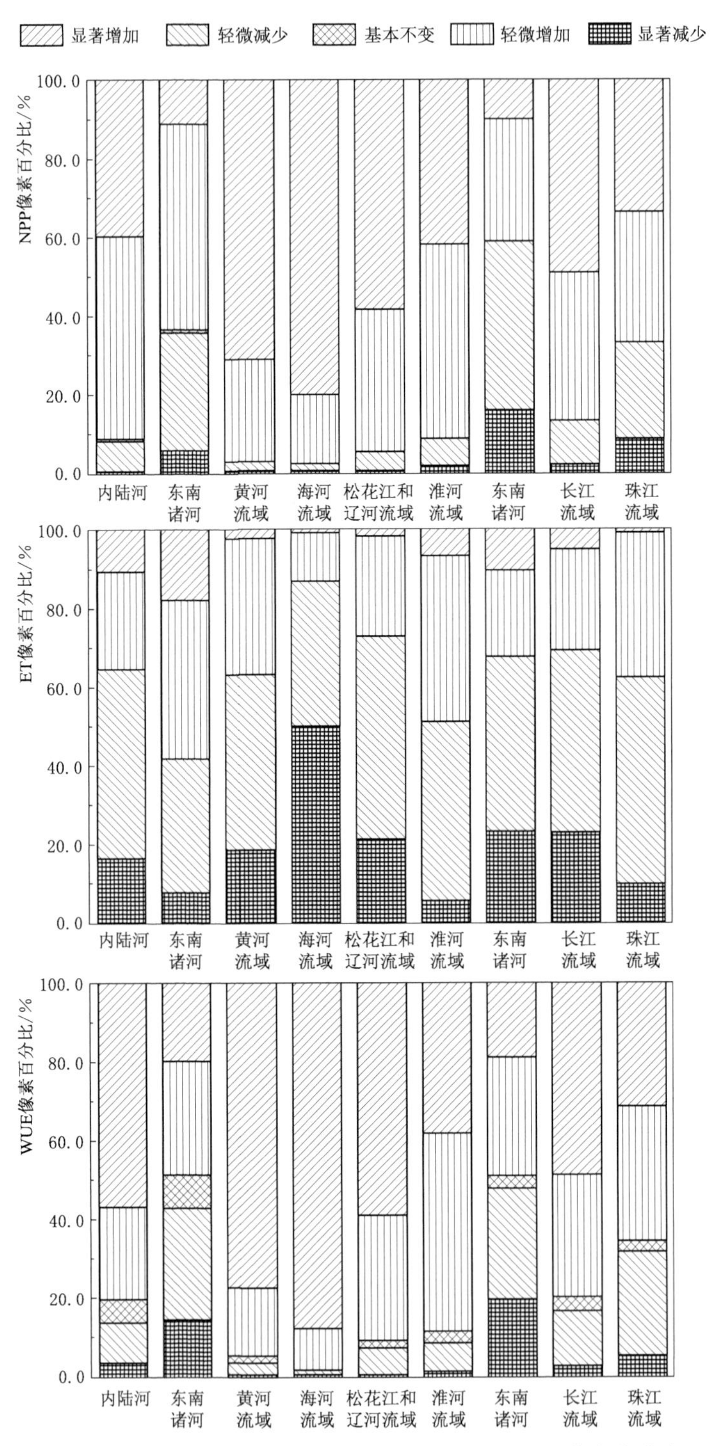

图 3.7　中国 2000—2017 年九大流域片 WUE 年均值变化曲线

势（0<Z<1.96），主要分布在淮河流域和珠江流域。相比之下，2000—2017年，14.99%的像元研究区域WUE下降不明显（−1.96<Z<0），只有3.45%的像元WUE显著下降（Z<−1.96）。通过计算整个区域中的像素数量，增加的区域比减少的区域大5.41倍，因此，可以得出结论，在0.05的显著性水平下，WUE在研究期间主要表现为增加。

研究区86.05%的区域NPP呈上升趋势，其中海河流域和黄河流域NPP上升趋势尤为明显。46.85%的像元表现出显著的NPP增加趋势（Z>1.96），且主要分布在海河流域和黄河流域；39.20%的像元表现出不显著的NPP增加趋势（0<Z<1.96），主要分布在西南诸河和内陆河。相比之下，2000—2017年，11.35%的像元研究区域NPP下降不明显（−1.96<Z<0），只有2.36%的像元NPP显著下降（Z<−1.96）。通过计算整个区域中的像素数量，增加的区域比减少的区域大5.41倍，因此，可以得出结论，在0.05的显著性水平下，NPP在研究期间主要增加。

46.68%的像元ET下降不明显（−1.96<Z<0），只有18.64%的像元ET显著下降（Z<−1.96）。相比之下，2000—2017年，研究区35.05%的区域ET呈上升趋势，其中西南诸河和淮河流域ET上升趋势尤为明显。7.15%的像元表现出显著的ET增加趋势（Z>1.96），且主要分布在西南诸河和内陆河；27.90%的像元表现出不显著的ET增加趋势（0<Z<1.96），主要分布在西南诸河和淮河流域。通过计算整个区域中的像素数量，减少的区域比增加的区域大1.85倍，因此，可以得出结论，在0.05的显著性水平下，ET在研究期间主要呈减少趋势。

3.3 碳利用效率时空分布规律

GPP变化的空间格局与NPP相似，中国GPP的年平均值为1450gC/m^2，变化范围为−202.68～152.41gC/m^2。中国GPP的空间分布特征是内陆河低，珠江流域、东南诸河、松花江和辽河流域高，淮河流域和海河流域的GPP为中位数分布。CUE表现出与GPP和NPP密切相关的空间模式，2000—2017年的CUE平均值为0.30，据统计，整个中国CUE的空间分布格局为西高东低，在过去18年中，所有地区的CUE呈上升趋势，九大流域片中，海河流域和淮河流域的CUE较低，西南诸河和珠江流域的CUE较高。

不同流域的CUE空间分布和变化速率不同。中国九大流域片的年平均碳利用效率依次为：西南诸河（0.3794）、珠江流域（0.3145）、长江流域（0.3106）、内陆河（0.3082）、黄河流域（0.2948）、东南诸河（0.2655）、松花江和辽河流域（0.2581）、淮河流域（0.2415）、海河流域（0.2393）（图3.8）。

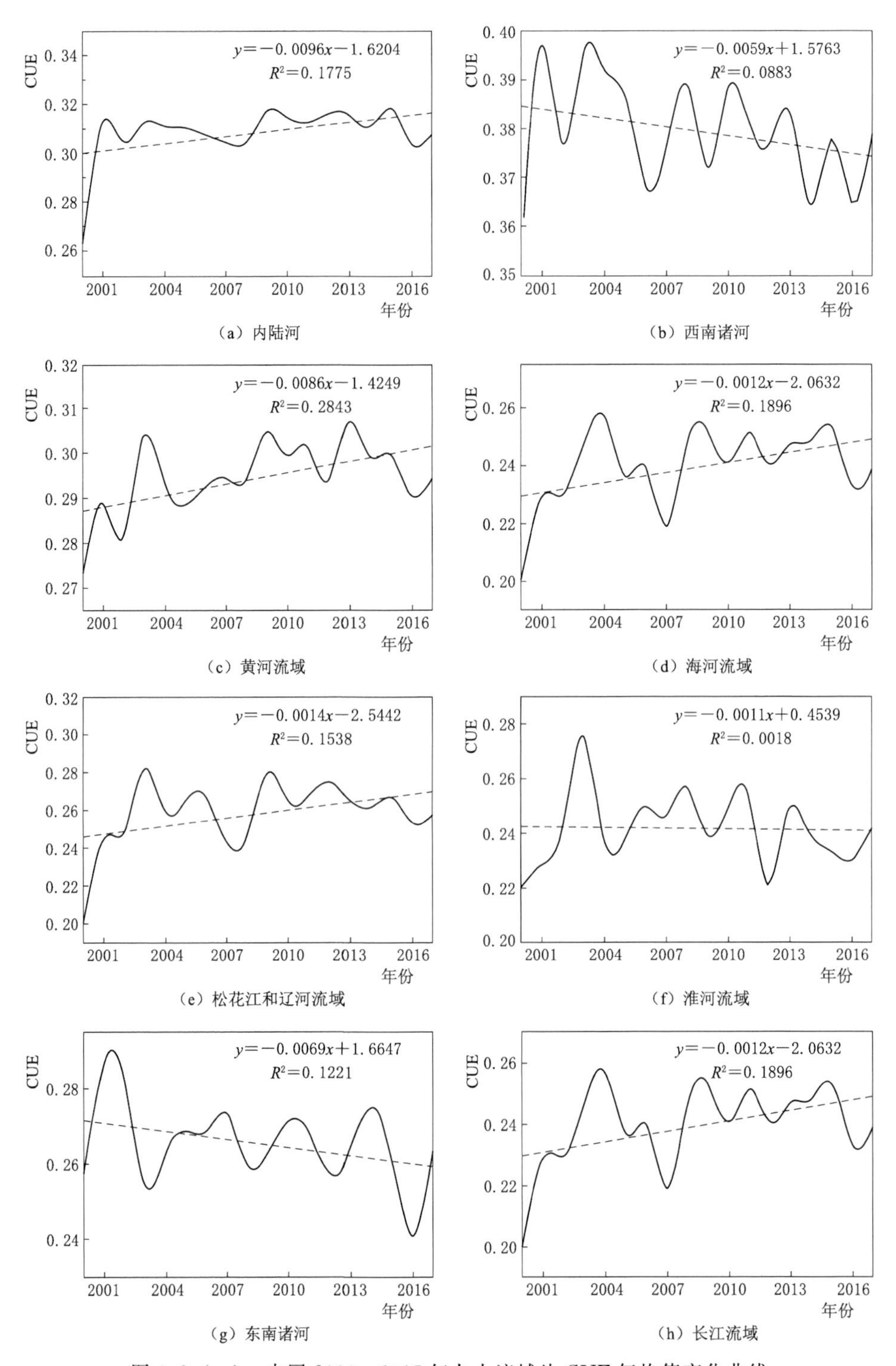

图3.8（一）　中国2000—2017年九大流域片CUE年均值变化曲线

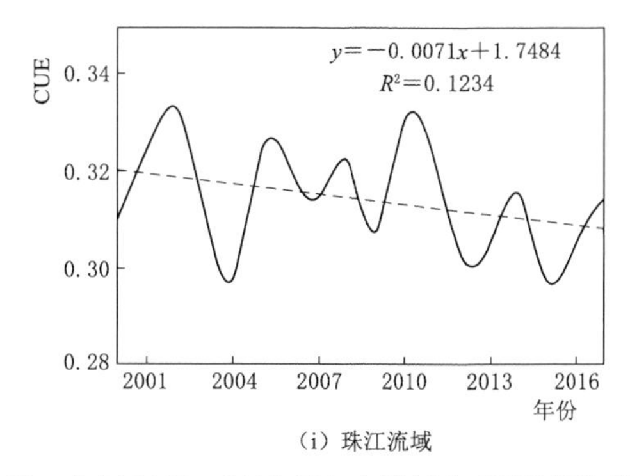

(i) 珠江流域

图 3.8（二） 中国 2000—2017 年九大流域片 CUE 年均值变化曲线

在植被覆盖和气候变化的影响下，中国 CUE 的空间格局正在发生变化。中国 CUE 年均值变化范围为－0.4～0.4，其中 CUE 增加较明显的区域主要分布在内陆河、黄河流域、海河流域、松花江和辽河流域。CUE 呈现下降趋势的区域广泛分布，其中西南诸河、东南诸河和珠江流域的减少趋势尤为显著。此外，淮河流域和长江流域也存在一些零星的下降趋势。植被 CUE 大于 0.5 的区域占中国陆地面积的 1.63%，主要分布在西南诸河和内陆河。CUE 值在 0.2～0.3 之间的区域面积相对较大，占据中国总面积的 38.17%。这些地区主要分布在珠江流域、长江流域和黄河流域。植被 CUE 值在 0.2 以下的区域主要分布在松花江和辽河流域以及淮河流域和海河流域（图 3.9）。

研究区 85.82%的区域 GPP 呈上升趋势，其中海河流域和黄河流域 GPP 上升趋势尤为明显。38.98%的像元表现出显著的 GPP 增加趋势（$Z>1.96$），且主要分布在海河流域和淮河流域；46.86%的像元表现出不显著的 WUE 增加趋势（$0<Z<1.96$），主要分布在西南诸河和内陆河。相比之下，2000—2017 年，12.63%的像元 GPP 下降不明显（$-1.96<Z<0$），只有 1.37%的像元 GPP 显著下降（$Z<-1.96$）。通过计算整个区域中的像素数量，增加区域是减少区域的 6.13 倍，因此，可以得出结论，在 0.05 的显著性水平下，GPP 在研究期间主要呈增加趋势。

研究区 59.96%的区域 CUE 呈上升趋势，其中海河流域和内陆河 CUE 上升趋势尤为明显。12.66%的像元表现出显著的 CUE 增加趋势（$Z>1.96$），且主要分布在海河流域和黄河流域；34.96%的像元表现出不显著的 CUE 增加趋势（$0<Z<1.96$），主要分布在西南诸河和珠江流域。相比之下，2000—2017 年，34.96%的像元 CUE 下降不明显（$-1.96<Z<0$），只有 5.08%的像元 CUE 显著下降（$Z<-1.96$）。通过计算整个区域中的像素数量，增加区域是减少区域的 1.50 倍，因此，可以得出结论，在 0.05 的显著性水平下，CUE 在研究期间主要呈增加趋势（图 3.9 和表 3.9）。

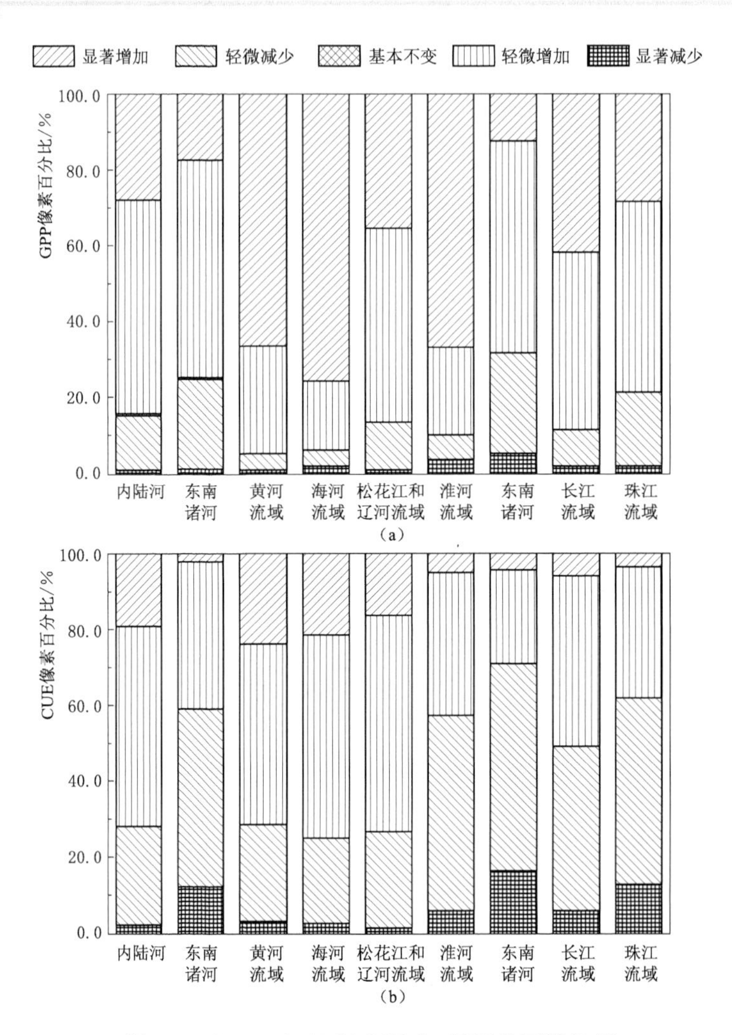

图 3.9　2000—2017 年 GPP 和 CUE 的面积比例

表 3.9　2000—2017 九大流域片 NPP、ET、WUE、GPP、CUE 变化趋势统计　%

项目	名称	严重退化	轻微退化	稳定不变	轻微改善	明显改善
NPP	内陆河	0.41	7.61	0.55	51.68	39.76
	西南诸河	5.74	29.98	0.73	52.33	11.23
	黄河流域	0.31	2.55	0.07	25.78	71.29
	海河流域	0.34	2.07	0.03	17.20	80.37
	松花江和辽河流域	0.45	4.92	0.07	36.00	58.57
	淮河流域	1.65	6.98	0.08	49.61	41.68
	东南诸河	15.98	42.74	0.14	31.26	9.87
	长江流域	2.13	11.08	0.11	37.59	49.08
	珠江流域	8.56	24.32	0.08	33.45	33.59

续表

项目	名称	严重退化	轻微退化	稳定不变	轻微改善	明显改善
ET	内陆河	16.32	48.24	0.03	24.90	10.51
	西南诸河	7.54	34.12	0.06	40.55	17.73
	黄河流域	18.36	44.84	0.02	34.66	2.12
	海河流域	50.09	36.72	0.03	12.33	0.82
	松花江和辽河流域	21.16	51.73	0.01	25.27	1.83
	淮河流域	5.43	45.57	0.06	42.08	6.87
	东南诸河	23.17	44.61	0.00	21.80	10.43
	长江流域	22.82	46.46	0.02	25.70	5.00
	珠江流域	9.52	52.85	0.04	36.76	0.83
WUE	内陆河	3.32	10.14	6.05	23.47	57.03
	西南诸河	14.24	28.46	8.38	29.07	19.85
	黄河流域	0.26	3.08	1.69	17.50	77.46
	海河流域	0.17	1.10	0.36	10.55	87.83
	松花江和辽河流域	0.36	6.88	1.83	31.98	58.95
	淮河流域	1.25	7.24	2.81	50.43	38.27
	东南诸河	19.46	28.20	3.38	30.03	18.93
	长江流域	2.50	14.00	3.60	31.05	48.86
	珠江流域	5.26	26.43	2.93	33.91	31.48
GPP	内陆河	0.85	14.32	0.45	56.36	28.02
	西南诸河	1.16	23.49	0.49	57.54	17.32
	黄河流域	0.71	4.19	0.04	28.41	66.64
	海河流域	1.61	4.25	0.01	18.15	75.99
	松花江和辽河流域	0.61	12.63	0.08	51.23	35.45
	淮河流域	3.47	6.48	0.02	23.18	66.85
	东南诸河	4.98	26.54	0.06	55.84	12.57
	长江流域	1.95	9.41	0.06	46.61	41.97
CUE	内陆河	2.01	25.98	0.01	52.75	19.24
	西南诸河	12.12	46.85	0.00	38.79	2.24
	黄河流域	3.02	25.48	0.00	47.49	24.01
	海河流域	2.41	22.57	0.00	53.39	21.63
	松花江和辽河流域	1.28	25.19	0.00	56.98	16.55
	淮河流域	5.79	51.54	0.00	37.42	5.24

续表

项目	名称	严重退化	轻微退化	稳定不变	轻微改善	明显改善
CUE	东南诸河	16.25	54.74	0.00	24.52	4.49
	长江流域	5.74	43.25	0.00	45.05	5.97
	珠江流域	12.68	49.18	0.00	34.35	3.78

3.4　讨论

2000—2017 年 WUE 的空间变异性取决于 NPP 和 ET 的幅度和模式。研究表明，中国 ET 在 18 年期间表现出轻微的降低。在中国地区，每损失 1mm 的水分，植被就固定了约 0.998g 的 CO_2。NPP 的显著增加趋势和轻微减少的 ET 可能解释了 WUE 值的相应增加。本书中，中国东南诸河、珠江流域夏季降水丰富，而内陆河降水较少。因此，在东部沿海地区，植被通常具有较高的水分利用效率，而内陆河地区受干旱气候的影响，水分利用效率较低。

本书计算的 WUE 显著低于先前研究人员基于遥感、建模数据和综合多源数据对 WUE 的估计，主要原因是研究的植被 WUE 包含了植被覆盖贫瘠的研究区，因此中国 WUE 的年平均值较低，但仍属于中国 WUE 的合理范围。东南沿海地区通常具有较为温暖湿润的气候，降水充沛，相对湿度较高，气候条件有利于植物生长和光合作用，从而提高了水分利用效率。东南沿海地区的土壤通常相对湿润，含水量较高，这有利于植物吸收水分和维持生长，从而提高水分利用效率[118]。东南沿海地区通常具有茂密的森林、灌木和草地等植被覆盖，这些植被水分利用效率较高，有利于提高整体水分利用效率。内陆河地区通常受到人类活动的影响较大，如过度开垦、过度放牧、水资源过度利用等，导致水分资源的过度消耗和生态系统退化，从而降低了水分利用效率[119]。

本书中，2000—2017 年的植被 CUE 表现出与 GPP 和 NPP 密切相关的空间模式，总体趋势表现为西部高、东部低的空间分布状态，其中高值区域主要集中在西南地区。研究表明，在寒冷和干燥的地区，CUE 值较高；而在潮湿、温暖且降水丰富的地区，CUE 值较低。这些结果与其他研究中发现的结果相似[120]。Zhang et al.[121] 发现，CUE 在寒冷和干燥地区较高，在降水丰富的温暖地区较低。美国的森林研究表明，CUE 高值聚集在研究区域的西北部，温度低，降水少，这是因为寒冷和干燥地区的植被消耗的能量比温暖和潮湿地区的植被少，因此它们具有更高的碳储存效率[121]。温度变化影响光合作用和呼吸速率，从而导致 CUE 的变化。呼吸对温度升高的敏感性高于对

GPP 的敏感性[122]。Piao et al.[123] 研究表明，CUE 随温度升高而降低是由于维持活组织的能量需求增加，呼吸速率随温度升高而呈指数增加。在青藏高原、云贵高原和中西伯利亚高原，CUE 随温度升高而增加。

3.5 本章小结

本章将 Theil - Sen 趋势分析和 Mann - Kendall 检验方法相结合，对中国九大流域片的年平均降水量、年平均温度、年平均太阳短波辐射、年平均相对湿度、年平均风速、年平均饱和水气压差、年平均归一化植被指数、年平均叶面积指数的时空特性进行分析。利用 CLCD 数据集对 2000—2017 年土地利用时空变化进行估算，解释了 18 年间中国土地利用的时空分布规律。根据净初级生产力和蒸散发计算出水分利用效率，根据净初级生产力和总初级生产力计算出碳利用效率，并对其时空特性进行分析。主要成果如下：

（1）中国九种土地利用类型的变化面积占总面积的 19.3%。2000—2017 年，中国主要以耕地、草地、森林、不透水面为主，其中草地所占面积最大。土地利用变化主要特征为：耕地和草地减少、林地增加、建设用地扩展。

（2）从时间序列上看，中国 NPP 表现出上升趋势，中国 ET 在 18 年期间表现出轻微的减少，中国植被的水分利用效率呈显著增加趋势，年平均增加 0.0093gC/(mm·m^2)。九大流域片中，内陆河和西南诸河的 WUE 较低，珠江流域和东南诸河的 WUE 较高。从空间上看，WUE 和 NPP 年际变化的空间分布基本一致。GPP 变化的空间格局与 NPP 相似，CUE 的空间分布格局与 NPP 和 GPP 密切相关。

第4章 土地利用转换、气候和植被因子对碳-水利用效率的影响

土地利用/覆被变化（land use and cover change，LUCC）对碳利用效率和水分利用效率的影响是复杂而多样的，取决于多个因素，包括土地利用类型的变化、植被类型、土壤性质的改变等。不同的土地利用类型具有不同的碳固定和释放能力，土地利用转换可能影响土壤有机碳含量和质量，从而降低碳利用效率。不同类型的植被对水分的利用方式不同，并可能会改变土地的水文循环过程。土地利用变化在各种尺度上对生态系统碳、水循环过程及辐射、能量传输过程产生影响。在进行土地利用规划和管理时，需要综合考虑碳-水循环过程，以实现更好的生态系统管理和资源利用效率。对于全球气候变化和生态系统的研究，理解和考虑这些因素的相互作用至关重要。

在第3章详细分析气候因素、植被因子、土地利用、碳-水利用效率时空演变特征的基础上，本章具体探究了各土地覆被类型转换引起的碳-水利用效率变化以及土地利用变化对碳-水利用效率变化的贡献率，定量分析了18年来土地利用变化对碳-水利用效率的影响。同时，本章探究了气候因素、植被因子和九种土地利用类型碳-水利用效率的相关关系，通过分析气候因素、植被因子和土地利用类型对碳-水利用效率的影响，可以为生态系统管理和土地利用规划提供科学依据，有助于理解生态系统对气候变化的响应机制，从而制定相应的环境变化适应策略，减轻气候变化对生态系统碳循环和水循环的影响，提高生态系统的抗干旱能力和碳储存能力。本章也探究了气候因素和植被因子对中国九大流片域碳-水利用效率变化的相对贡献，了解气候因素和植被因子对碳-水利用效率变化的贡献率，有助于评估不同流域生态系统的健康状况，根据不同流域的特点和主要影响因素，可以采取针对性的资源管理策略，提高水资源利用效率和碳循环稳定性。

4.1　土地利用转换对碳-水利用效率的影响

4.1.1　土地利用转换对水分利用效率的影响

本书九种土地覆被平均 WUE 从高到低依次为：林地 [1.134gC/(mm·m²)]、灌丛 [1.109gC/(mm·m²)]、湿地 [0.848gC/(mm·m²)]、耕地 [0.818gC/(mm·m²)]、不透水面 [0.688gC/(mm·m²)]、水体 [0.630gC/(mm·m²)]、草地 [0.522gC/(mm·m²)]、裸地 [0.292gC/(mm·m²)]、冰/雪 [0.169gC/(mm·m²)]。

林地和灌木 WUE 值较高，而林地和灌木向其他土地覆盖类型的转换过程却导致了 WUE 减少，尤其是在将林地转换为其他土地覆盖类型时，WUE 的变化幅度更大。林地和灌木相互转换对 WUE 的影响是正向的，但林地转换为灌木所引起的 WUE 变化幅度大于灌木转换为林地的幅度。类似地，灌丛和草地之间的转换也呈现出相似的情况。另外，裸地和其他土地覆盖类型之间的转换也显示出植被退化对 WUE 的影响大于植被恢复（图 4.1）。

2000—2017 年，灌木转变为耕地导致 WUE 减少了 0.30gC/(mm·m²)，该转变的贡献率为 26.90%；耕地转变为林地导致 WUE 增加了 0.32gC/(mm·m²)，该转变的贡献率为 10.21%；耕地向不透水表面的转变导致 WUE 减少了 0.12gC/(mm·m²)，该转变的贡献率为 19.48%；草地向耕地转变导致 WUE 增加了 0.287，该转变的贡献率为 5.93%；水体向耕地的转变导致

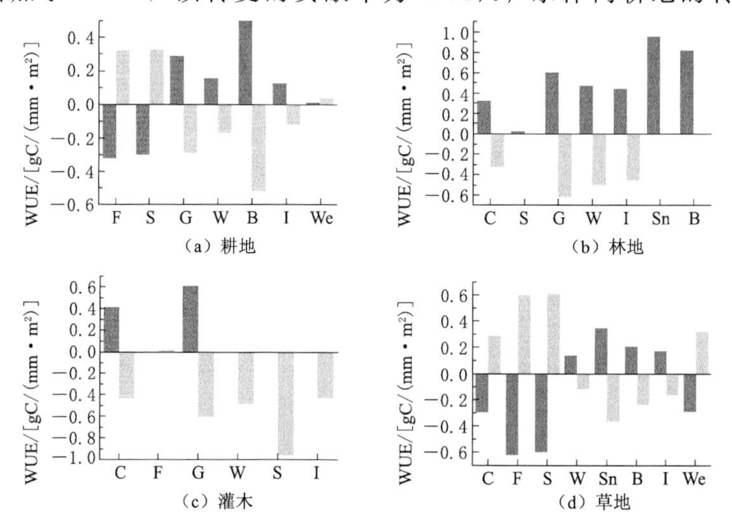

图 4.1（一）　2000—2017 年各土地覆被类型转换引起的 WUE 变化

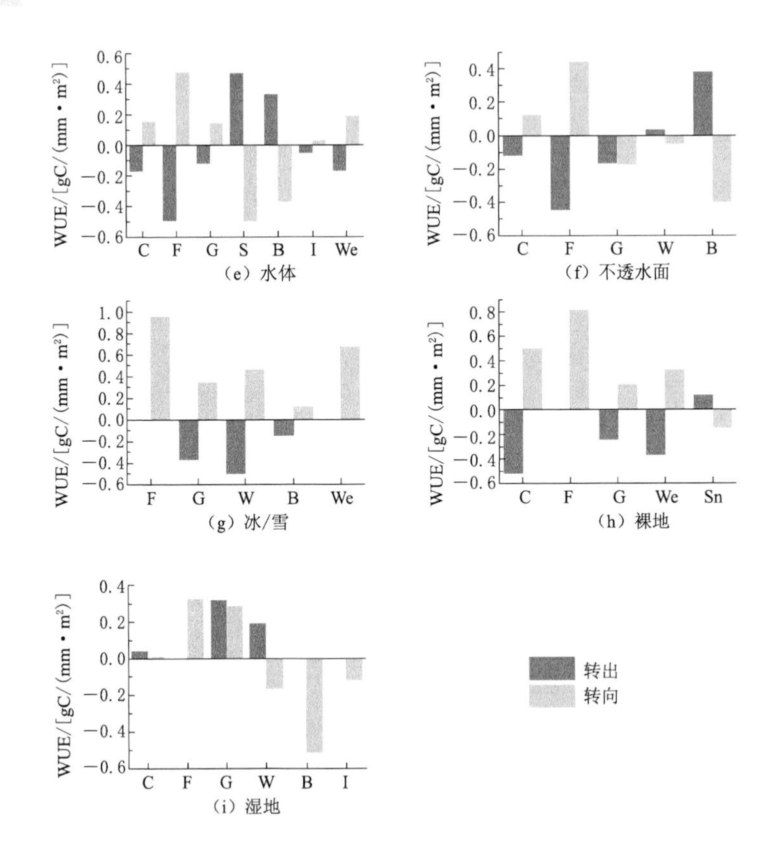

图 4.1（二） 2000—2017 年各土地覆被类型转换引起的 WUE 变化

C—耕地；F—林地；S—灌木；G—草地；W—水体；

Sn—冰/雪；B—裸地；I—不透水面；We—湿地

（注：图中“转向”是指当其他土地覆盖类型变为土地覆盖类型 j 时的 WUE 变化；

“转出”是指当土地覆盖类型 j 变为其他土地覆盖类型时的 WUE 变化。）

WUE 增加 0.16gC/(mm·m^2)，该转变的贡献率为 21.19%；冰/雪向裸地的转变导致 WUE 增加了 0.12gC/(mm·m^2)，该转变的贡献率为 11.46%。与其他土地转变类型相比，灌木向其他土地类型之间的相互转变对 WUE 的贡献最大，其次是耕地和其他土地类型之间的相互转变以及林地和其他土地类型之间的相互转变（图 4.2）。

4.1.2 土地利用转换对碳利用效率的影响

本书九种土地覆被的平均 CUE 按从高到低依次为：冰/雪（0.429）、灌丛（0.348）、草地（0.325）、裸地（0.323）、水体（0.320）、森林（0.293）、湿地（0.292）、耕地（0.266）、不透水面（0.261）（图 4.3）。

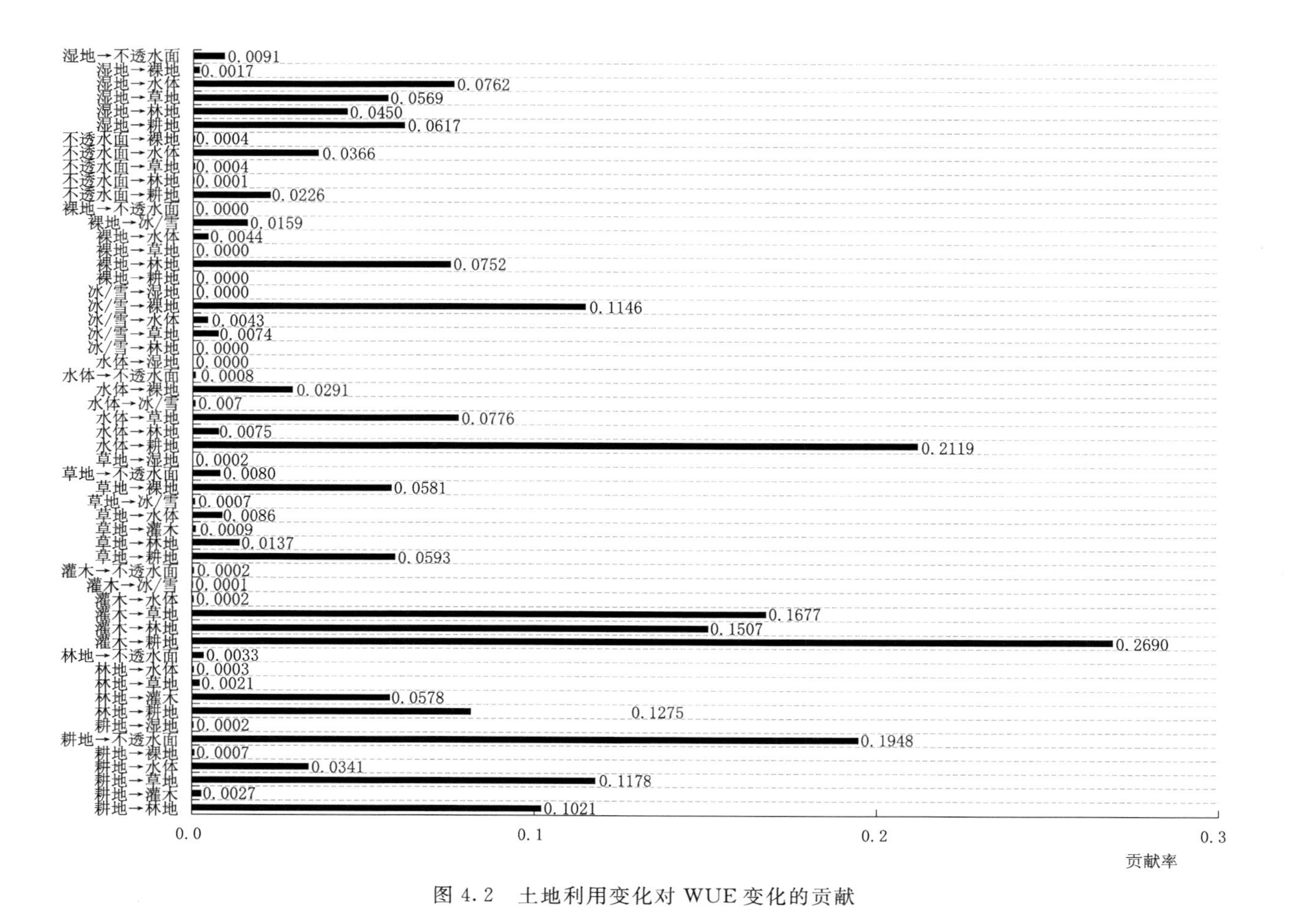

图 4.2 土地利用变化对 WUE 变化的贡献

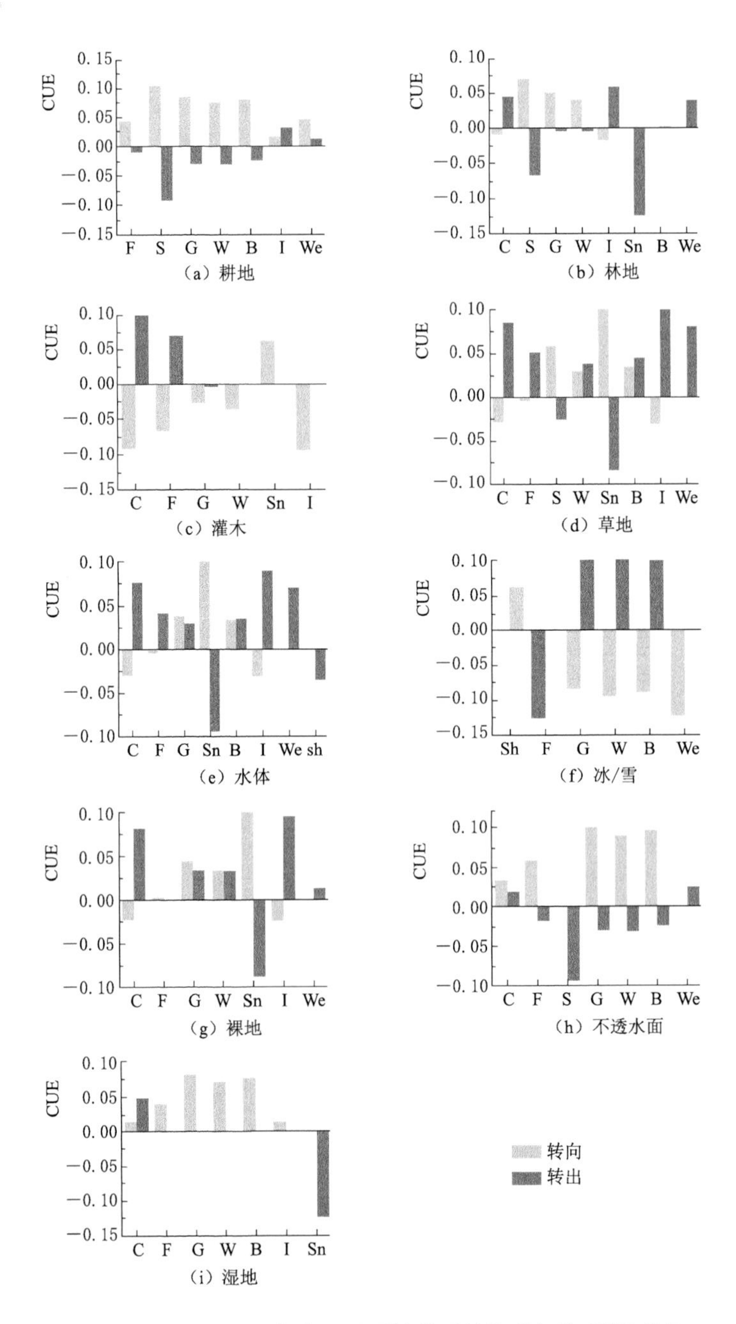

图 4.3　2000—2017 年各土地覆被类型转换引起的 CUE 变化

C—耕地；F—林地；S—灌木；G—草地；W—水体；Sn—冰/雪；

B—裸地；I—不透水面；We—湿地

（注："转向"是指当其他土地覆盖类型变为土地覆盖类型 j 时的 WUE 变化；

"转出"是指当土地覆盖类型 j 变为其他土地覆盖类型时的 CUE 变化。）

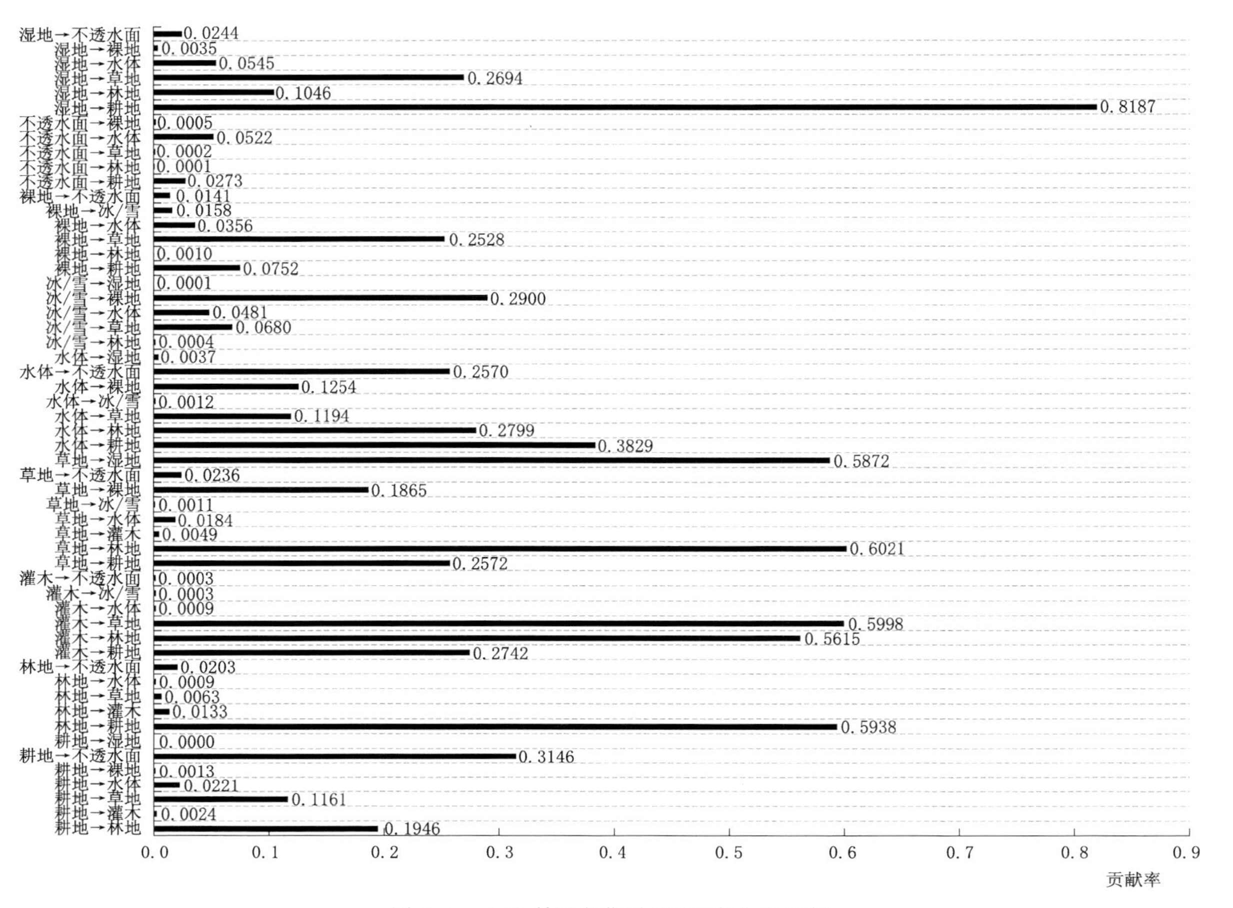

图 4.4　土地利用变化对 CUE 变化的贡献

2000—2017 年，湿地转变为耕地导致 CUE 减少了 0.05，该转变的贡献率为 81.87%；草地转变为湿地使得 CUE 下降了 0.08，该转变对 CUE 变化的贡献率高达 58.72%；草地向林地的转变则使 CUE 下降了较小的幅度 0.003，但其对 CUE 的贡献率却高达 60.21%。与草地相关的另一转变，即林地向草地的转变，导致了 CUE 的上升，增加了 0.05，但其对 CUE 的贡献率相对较低，仅为 0.63%。相反，林地向耕地的转变则使 CUE 下降了 0.008，对 CUE 变化的贡献率为 59.38%。耕地与林地之间的转变也呈现出显著的 CUE 变化。耕地向林地的转变显著提升了 CUE，增加了 0.44，对 CUE 变化的贡献率为 19.46%，表明林地生态系统在碳吸收和储存方面有优势。耕地向草地的转变则使 CUE 上升了 0.09，对 CUE 变化的贡献率为 11.61%。草地向耕地的转变导致了 CUE 的下降，减少了 0.028，对 CUE 变化的贡献率为 25.72%。此外，灌木向耕地的转变也使 CUE 下降了 0.09，对 CUE 变化的贡献率为 27.42%。耕地向灌木的转变使 CUE 上升了 0.11，但对 CUE 变化的贡献率仅为 0.24%（图 4.4）。

4.2　气候和植被因子对碳-水利用效率的影响

4.2.1　气候和植被因子对水分利用效率的影响

各土地利用类型的 WUE 与 VPD、Temp、LAI 均呈正相关，植被覆盖度贫瘠的 WUE 与 Srad 呈负相关，其他则为正相关关系。除不透水面、冰/雪和裸地外，NDVI 与其他土地利用类型的 WUE 均呈正相关关系，且正相关性较高。除裸地外，Pre 与其他土地利用类型的 WUE 均为正相关，但相关性较低。除不透水面和冰/雪，WS 与其他土地利用类型的 WUE 均呈正相关关系（图 4.5）。

（1）WUE 趋势的主要控制因子是 NDVI（平均贡献：33.75%±6.90%），NDVI 对 WUE 主要是正贡献，且对黄河流域、松花江和辽河流域和珠江流域的贡献率最大。

（2）VPD（平均贡献：28.04%±3.98%）对 WUE 主要是负贡献率，其对 WUE 负贡献区域占总面积的 66.21%，主要集中于海河流域和西南诸河以及内陆河。对 WUE 正贡献区域占总面积的 33.79%，主要集中于松花江和辽河流域、淮河流域、东南诸河和珠江流域。

（3）WS（平均贡献：27.37%±3.91%）对 WUE 主要是正贡献，所占面积为 87.58%，主要分布于松花江和辽河流域、内陆河和海河流域；负贡献的区域占总面积的 12.41%，主要集中于西南诸河和东南诸河。

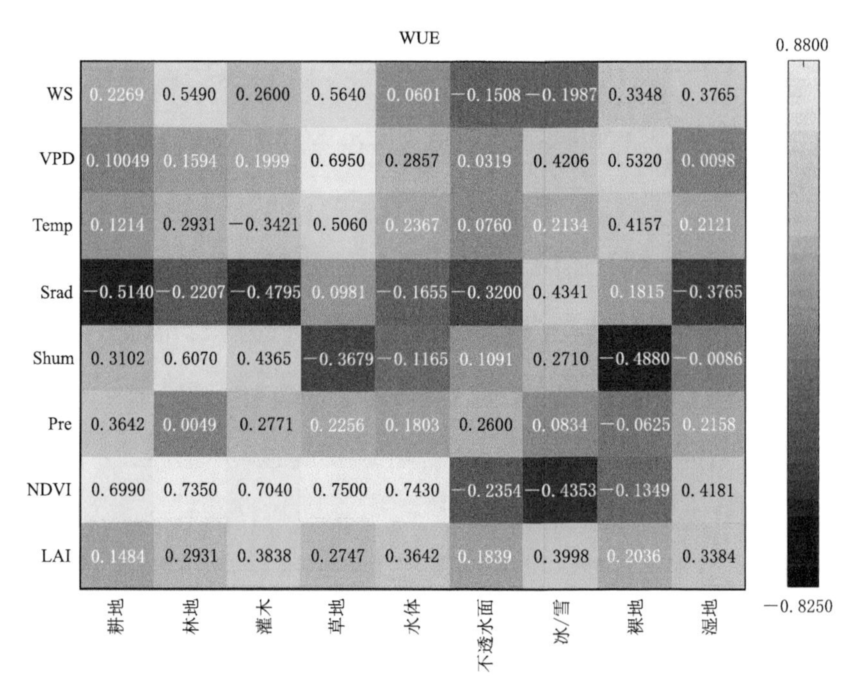

图 4.5 Temp、Pre、Srad、Shum、VPD、WS 和 LAI、NDVI 与九种土地利用类型 WUE 的相关关系

(4) Shum（平均贡献：27.07%±5.99%）对 WUE 主要是正贡献，集中于西南诸河、长江流域和西南诸河。

(5) LAI（平均贡献：22.21%±2.11%），主要集中于淮河流域、长江流域和松花江和辽河流域。

(6) Srad（平均贡献：−11.30%±5.23%），其对 WUE 正贡献的区域占总面积的 67.94%，主要集中于海河流域和珠江流域；对 WUE 负贡献的区域占总面积的 32.06%，主要集中于内陆河、淮河流域和西南诸河。

(7) Pre（平均贡献：8.06%±1.42%），贡献主要集中于长江流域、海河流域和西南诸河。

(8) Temp（平均贡献：−1.4%±2.16%），贡献集中于西南诸河、内陆河和淮河流域。

比较九个流域各气候因素和植被因子对 WUE 变化的贡献表明，各气候因素和植被因子对 WUE 的影响因地区而异。5 个流域（海河流域、黄河流域、长江流域、珠江流域以及松花江和辽河流域）以 NDVI 占绝对优势，另外（东南诸河、淮河流域和内陆河）以 Srad 为主，西南诸河以 Shum 为主（图 4.6）。

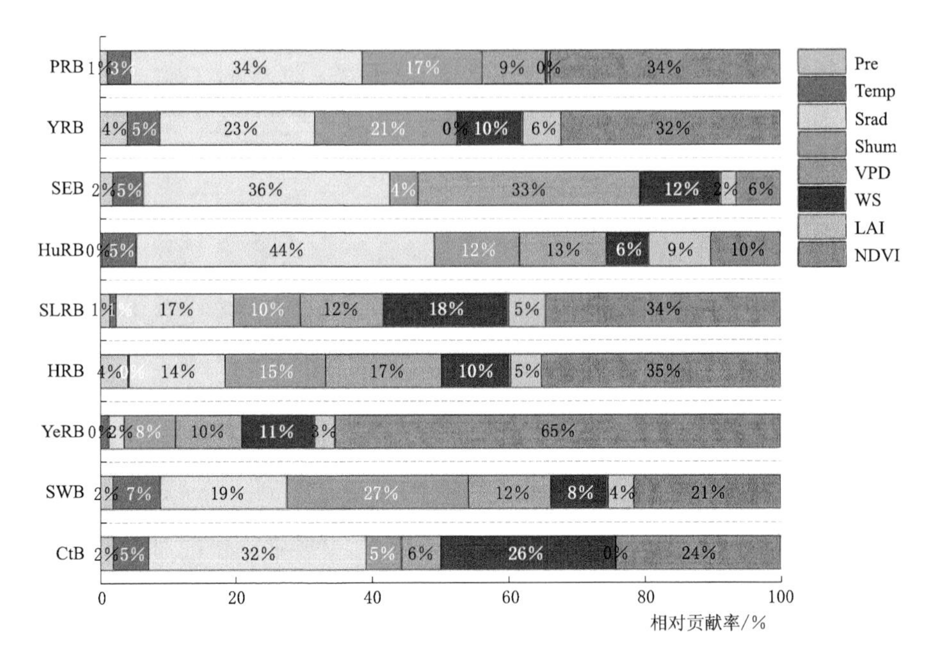

图 4.6 各气候因素和植被因子对中国九大流域片 WUE 变化的相对贡献

4.2.2 气候和植被因子对碳利用效率的影响

气候因素是影响植被 CUE 变化的重要因素。本书研究结果表明，降水与 CUE 主要是呈正相关关系，冰/雪、不透水面和水体与 CUE 的正相关性更强，分别是 0.5020、0.3382 和 0.3162；森林和灌木与 CUE 的负相关性更强，为−0.2181 和−0.1961。水分含量比较高的土地利用类型与 CUE 的正相关性更强。温度与 CUE 呈负相关的关系，耕地、森林灌木与 CUE 的负相关性更强，分别是 0.6420、0.5050 和 0.4118（图 4.7)。

CUE 趋势的主要控制因子是 Srad（平均贡献：36.46%±3.40%)，Srad 对 CUE 主要是正贡献，正贡献率的区域占总面积的 82.44%，对黄河流域、东南诸河和长江流域的贡献率最大，负贡献率的区域占总面积的 17.56%，主要集中于淮河流域、西南诸河和珠江流域。Pre（平均贡献：26.72%±5.20%)，Pre 对 CUE 正贡献率区域占总面积的 68.68%，主要集中于淮河流域、海河流域和内陆河，负贡献率的区域占总面积的 31.32%，主要集中于松花江和辽河流域和黄河流域。LAI（平均贡献：24.71%±2.10%)，LAI 对 CUE 正贡献率区域占总面积的 83.56%，主

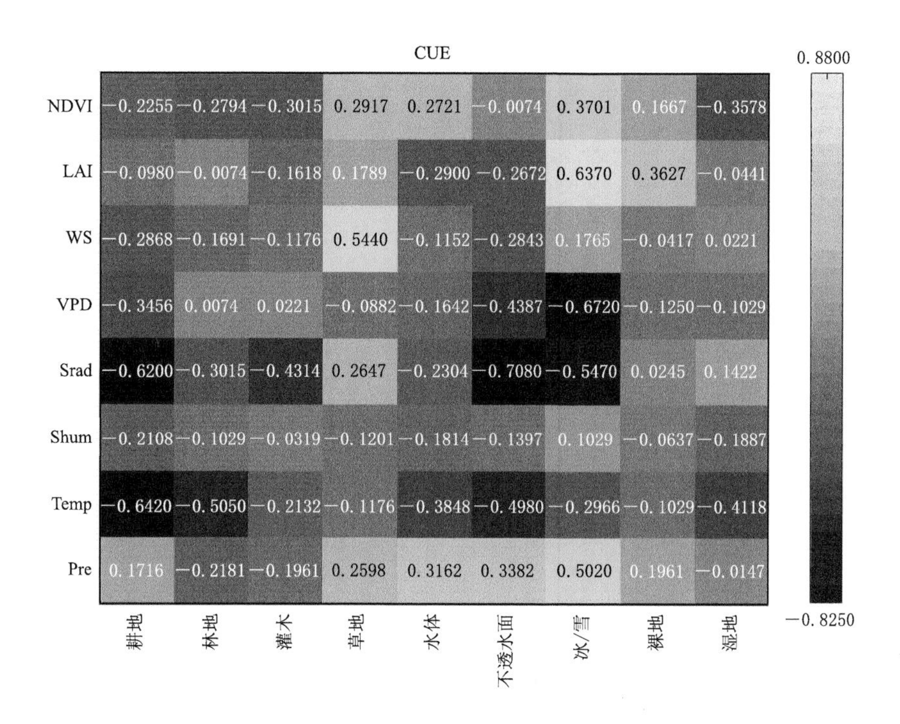

图 4.7　Temp、Pre、Srad、Shum、VPD、WS 和 LAI、NDVI 与九种土地利用类型 CUE 的相关关系

要集中于黄河流域、珠江流域和内陆河，负贡献率的区域占总面积的16.44%，分布于海河流域、淮河流域和东南诸河。VPD（平均贡献：17.21%±4.10%），VPD 对 CUE 主要是正贡献，主要分布于淮河流域、东南诸河和珠江流域。NDVI（平均贡献：11.9%±4.70%），对 CUE 正贡献率区域占总面积的 94.07%，集中于内陆河、珠江流域、海河流域，负贡献率的区域分布于淮河流域、东南诸河。Shum（平均贡献：9.52%±3.12%），对 CUE 正贡献率区域占总面积的 23.68%，集中于松花江和辽河流域、淮河流域和珠江流域，负贡献率的区域主要分布在内陆河、海河流域、黄河流域、长江流域。Temp（平均贡献：8.26%±1.26%），对 CUE 负贡献率为 82.63%，集中于内陆河、海河流域和长江流域，正贡献率的区域主要是松花江和辽河流域和东南诸河。WS（平均贡献：7.82%±4.23%），对 CUE 负贡献率为 32.61%，集中于松花江和辽河流域和长江流域，正贡献率的区域主要是内陆河、长江流域和黄河流域（图 4.8）。

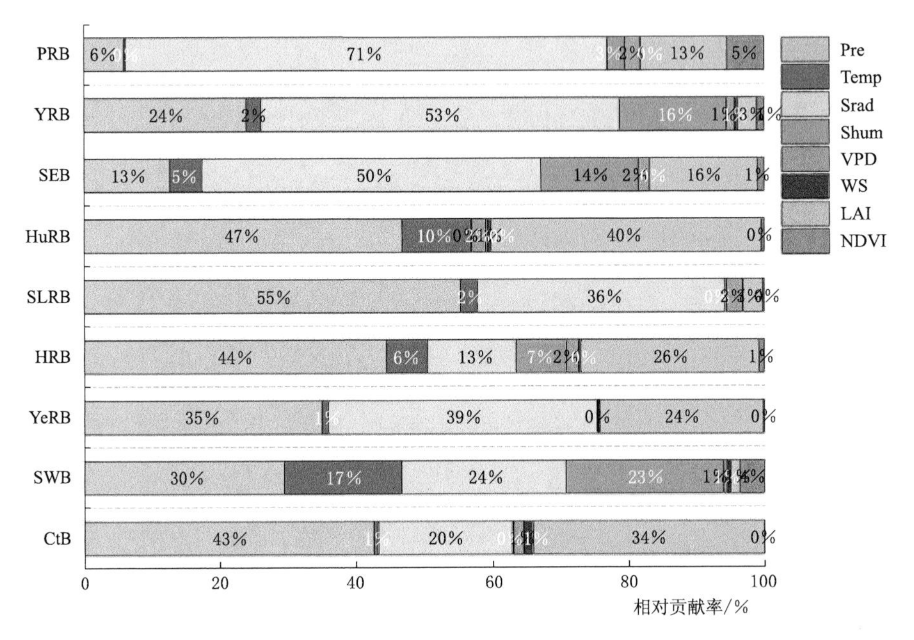

图 4.8　各气候因素和植被因子对中国九大流域片 CUE 变化的相对贡献

4.3　讨论

本书计算的 WUE 显著低于之前研究人员基于遥感、模拟数据和综合多源数据对 WUE 的估计。其主要原因是本书所研究的植被 WUE 包括了植被覆盖贫瘠的研究区域，因此中国 WUE 的年平均值较低，但仍属于中国 WUE 的合理范围[124]。在另一项研究中，中国的年平均 WUE 以 0.001gC/(mm · m^2) 的速率增加，并且空间格局具有很大的变异性[58]；这些结果与本研究中发现的空间格局分布没有太大差异。

中国政府相继实施了一系列生态恢复重建工程，以防止生态退化。中国已经发生了大规模的 LUCC，并引起了生态水文学问题，如径流减少和土壤干旱[125]。本书研究确定了 2000—2017 年的土地转移矩阵的基础上 CLCD 分类的数据，并分析每个土地覆盖类型转移引起的变化。2000—2017 年，中国土地利用/覆被变化对水分利用效率变化有正向贡献。18 年来，中国林地、草地和耕地之间的相互转化明显，林地、水体和不透水面面积增加，草地和耕地面积减少。土地覆被类型转换主要集中在中国中东部盆地，如松花江和辽河流域、黄河流域、长江流域和珠江流域。

植被组成和土地利用类型及其空间分布是决定 WUE 空间分布的主要条

件[60,126]，有利的气候条件更适合植被的生长，从而增加了WUE[127]。不同区域生态系统WUE的时空变化是显著的[128]。同一植被类型的WUE在不同地区也有所不同。例如，Zhang et al.[60] 研究了2000—2010年中国黄土高原WUE的时空格局，表明WUE年均值从高到低依次为草地、森林、灌丛和耕地。然而，Guo et al.[129] 分析了1982—2015年中国不同植被类型的WUE变化，表明落叶阔叶林WUE在所有植被类型中最高；Wang et al.[130] 分析了1982—2015年青藏高原不同植被类型的WUE变化，表明常绿阔叶林WUE在所有植被类型中最高。这一结果可能与气候条件和灌溉等人类活动有关[131-132]。

WUE在很大程度上依赖于人类活动，适当的灌溉和施肥可以改善WUE，并抵消气候变化和土地利用变化导致的WUE下降趋势[133]。在另一项研究中，草地转耕地或草地转林地改善了中国黄河流域的WUE，这与本书中的发现一致[134]。森林与草地或草地与贫瘠生态系统之间的转换表明，高植被盖度向低植被盖度的转换导致WUE相对减少，反之则WUE相对增加。例如，海河流域人工地表的扩张是WUE减少的主要原因，而利用裸地进行景观种植导致WUE增加，由此可见，绿地的增加或减少是影响WUE变化的重要因素[135]。然而，东北地区农田转为森林生态系统后，WUE并未增加，这可能与东北地区的气候有关。在华北西部干旱地区，耕地的WUE高于林地，这可能是多重影响因素造成的[131]。

不同土地覆被类型的WUE差异显著。裸地的WUE较低，这主要是由于裸地植被覆盖量小，蒸发量大。林地一般根系发达，枝叶繁茂，植被覆盖丰富，涵养水源能力强，林地水分利用效率高于草地、耕地、湿地等低植被区。在本书中，森林的WUE值高于耕地和草地，这与先前关于不同植被类型之间WUE变化的研究一致[128,136]。不同植被类型在网格单元内的WUE值差异可能是WUE值出现偏差的原因。所有这些不确定性解释了为什么本书和其他研究中WUE值之间存在差异。一般林地的WUE比农田高，表明林地通过大面积的根系带更有效地利用了水资源，这些结果与Khalifa et al.[137] 研究的结果一致。Tian et al.[138] 的研究表明，由于碳吸收和水消耗的差异，WUE随土地覆盖而变化。因此，植树造林和生态恢复地区已成为重要的碳汇，因为它们每单位耗水固碳能力很强。在20世纪80年代开始实施环境修复和集水计划后，土地覆盖物的WUE大幅增加，在33年期间，这些土地覆盖物中WUE增加的趋势主要由较高的NPP控制。之前关于流域环境恢复影响的研究表明[139-143]，生态恢复和水土保持措施对提高土地和水资源的可持续性很重要。

土地利用类型的转换是影响陆地生态系统碳循环的重要因素之一。最初，植被的光合作用和呼吸作用与大气交换 CO_2 和氧气，影响区域碳汇的变化。此外，不同的土地利用类型对土壤碳汇有很大影响[144]，这些变化最终将影响区域碳循环。低值碳储存区大多集中在以沙漠为主的周边地区，未利用的土地基本无法固碳。在生态破坏机制下，即林地、草地、水体被耕地、建设用地、未利用地侵入时，耕地、建设用地的碳密度虽然不低，但无法与耕地、建设用地的碳密度相比较。在生态修复机制下，即林地、草地、水体不退化并扩散到周边土地利用类型时，三者带来的碳储量是非常巨大的[145]。同时，可控条件下建设用地带来的碳利用效率虽然较小，但也不容忽视，为中国碳储量增添了活力。低碳密度土地利用类型向高碳密度土地利用类型的转变，从根本上讲是改善高碳密度土地利用类型的驱动因素[146]。耕地是陆地生态系统中相对活跃的碳交换生态系统。它与人类活动关系最为密切，是加速全球变暖不可忽视的因素之一。与森林、灌木、草原等自然生态系统相比，耕地土壤释放的 CO_2 相对较多。尽管耕地具有较高的年碳吸收率，但其碳汇功能却受到显著限制。大量有机碳以农产品及植物残留物的形式从耕地中输出，并随后迅速释放至大气中，削弱了耕地的碳储存能力。尽管如此，耕地作为陆地生态系统的重要组成部分，其在减少碳排放方面仍具有巨大的潜在价值，是减缓全球气候变化的关键领域之一。

气候因素（Temp、Pre、VPD、Srad、WS 和 Shum）和植被因子（NDVI 和 LAI）的变化通过控制 NPP 和 ET 来影响 WUE 变化[128,137,147-148]。总体而言，在中国，NDVI 对 WUE 的影响最大，Sun et al.[132] 分析了 1982—2015 年中国用水效率变化的驱动因素，结果表明全国范围内年平均 NDVI 对 WUE 变化的敏感性较高，但季节尺度存在差异。Liu et al.[128] 的研究表明，NDVI 对 WUE 具有重要的控制作用，植物光合作用和蒸腾作用主要受气孔导度的影响。Sun et al.[149] 指出植被在生长过程中会对外界环境条件作出反应，通过调整气孔导度和水分利用效率，以适应不同的生长阶段和环境条件，从而维持其正常的生长和生理功能。LAI 和 NDVI 在中国大部分地区表现出增加的趋势，反映了中国整体的“绿化”[150-151]。本书研究结果表明，在中国大部分地区，绿化在 WUE 变化中起主导作用，而不是气候因素，这与以前的研究一致[128,132,152]。LAI 和 WUE 之间总是正相关，这是因为其对 NPP 和蒸腾的比率的调节[153]，也就是说，随着 LAI 的增加，植物消耗更多的水用于 NPP，而土壤蒸发因到达陆地表面的太阳辐射和降水的减少而减少[148,154]。

作为光合作用和蒸腾作用的驱动因子，太阳辐射是 WUE 变化的重要因素[155]，与本书研究结果一致，研究发现，Srad 在年度时间尺度上的 WUE 变化的贡献最高。先前的研究表明，WUE 在季节尺度[132] 和小时尺度[155] 对太阳辐射最敏感，其中强辐射下的高 ET[156] 可导致冠层 WUE 与太阳辐射成反比[157]。Zhang et al.[158] 研究表明，各土地利用类型的 WUE 均随温度升高而降低，灌丛和草地的 WUE 与降水量呈正相关。Tian et al.[138] 发现，灌丛和草地的 WUE 与降水量同步增长，这与本书研究结果一致的，农田水分利用效率与降水量的相关性不显著，这主要是由于农业灌溉的复合效应。

VPD 控制碳通量和水通量的主要作用已经在最近的研究中显示[159-160]，当 VPD 开始增加时，它通过降低气孔导度来限制叶片水平的水分和碳过程，但它增加了土壤蒸发，从而影响 ET。因此，当气孔导度适应增加的 VPD 时，NPP 比 ET 降低更多，这可以解释为什么一些区域显示 VPD 与 WUE 负相关[159]。但随着 VPD 继续增加，气孔关闭以减少水消耗，然后显著降低光合作用和蒸腾作用。此时，降低 ET 的速率可能比 NPP 更快[161]，并可能导致 VPD 和 WUE 之间的正相关性。这意味着当 VPD 值较低时，WUE 与 VPD 呈负相关，而当 VPD 值极高时，两者呈正相关。

风速会影响植物周围的环境，如降低空气的相对湿度和温度，并通过植物叶片遮挡影响太阳辐射的射入，同时会加速蒸腾速率而相应地降低植物的温度[162]。在不同的生态系统中，WUE 对 WS 的响应幅度可能不同，甚至可能有完全不同的方向。Wang et al.[163] 在研究宁夏六盘山典型树种水分利用效率中发现，华北落叶松个体的 WUE 与 WS 是正相关关系。

Pre 是通过改变降水强度、频率和分布来影响 WUE 变化的重要环境因素[164,165]。低降水地区的植物受到额外降水量的显著促进，使得其初级生产力增加，同时水分利效率提高；而在高降水地区，额外降水对生产力的促进相对较弱，但却增加了可蒸发水量，导致水分利用效率较低[138]。

Temp 的增加可以增强光合作用并延长生长季节，这两者都有助于 NPP 的增加[159]。同时，VPD 和 Temp 的升高增加了大气对土壤蒸发的需求。因此，在最佳温度范围内，光合作用与 Temp 之间存在正相关[166]，蒸发量与温度之间也存在类似的正相关[167]。然而，蒸发或光合作用是否随着 Temp 的增加而增长更快仍存在争议[158,167-169]。

分析中国九大流域片植被 CUE 变化及其对气候的响应，能准确地反映区域生态系统碳循环变化状况。植被 CUE 是衡量植物固定并用于生长和繁殖的碳量相对于从大气中吸收的碳量的量度。陈雪娇等[170] 发现密集植被 CUE 较稀疏植被低，森林 CUE 较灌丛和草本低，这与本书的结论一致。柴曦等[171] 研究发现不同植被类型的碳利用效率受到不同的生态因素控制，例如草地主要受降水控制，而森林和农田则主要受可利用水分的影响。刘洋洋等[172] 对东亚地区植被 CUE 研究表明，中国绝大多数地区碳利用效率与降水呈正相关关系，与气温呈现负相关，这与本书结论相同，植被 CUE 对研究尺度及气候变化的敏感性极强，不同研究尺度及气候变化下植被 CUE 特征及对气候敏感性不尽相同。

VPD对植物生理代谢和植物-大气界面的物质交换具有重要影响，因此在植物生态学和气象学中具有广泛的应用。植物气孔调节CO_2进入叶片，参与光合作用，而饱和水汽压差调节气孔大小影响光合和呼吸速率。本书研究发现，植被的碳利用效率与VPD呈现负相关，即随着VPD增加，植被CUE减小，这与兰垚等[173]的研究结论一致。

本书研究发现植被的碳利用效率与太阳辐射量呈现负相关关系。这可能是由于增加的净太阳辐射量有助于为植物提供充足的物质和能量，从而促进植物干物质量的积累，进而提高植被的净初级生产力[174]。然而，太阳辐射增加往往伴随着日照时间和强度的变化，这些因素会显著影响植被光合作用和呼吸速率。特别是植被的呼吸速率对这些变化的敏感性较高，导致植被的净初级生产力增加速率减缓。因此，尽管植被总的生产力增加，但碳利用效率逐渐降低。

Polley et al.[175]研究表明，NDVI在反映植被冠层的发育程度方面起着重要作用，并且是控制CO_2通量的生物因子之一，该指数常被用作叶面积指数的替代指标，以评估植物叶片吸收光能和植被固定CO_2的能力。本书研究发现NDVI与CUE存在显著的正相关关系，这与柴曦等[171]的研究结论一致，这说明了植被发育和冠层对碳平衡有着重要的控制作用。Yashiro et al.[176]的研究表明NDVI的大小差异决定了生态系统在年际和季节光合固碳量上的差异。

4.4 本章小结

本章通过土地利用转移矩阵，统计分析中国九大流域片2000—2017年土地利用变化的面积及转移变化，并研究了土地利用类型变化造成的碳利用效率和水分利用效率的变化，分析每种土地利用类型变化对中国碳利用效率和水分利用效率变化的贡献，利用多元回归线性模型和一阶差分去趋势法计算六种气候因素（降水、温度、短波辐射、风速、相对湿度、饱和水气压差）和两种植被因子（归一化植被指数和叶面积指数）对碳利用效率和水分利用效率的贡献率，并探究了气候因素、植被动态因子和九种土地利用类型的碳利用效率和水分利用效率的相关关系，同时研究了气候因素和植被因子对中国九大流域片碳利用效率和水分利用效率变化的相对贡献。主要成果如下：

（1）高密度植被对应着较高的WUE值，转换为其他土地利用类型时会导致WUE下降。其他土地利用类型转移为耕地时，对WUE的贡献率是最大的。高CUE值区位于寒冷和干燥的环境中，林地的CUE低于灌木和草地。

其他土地利用类型转移为耕地和林地时，对 CUE 的贡献较大。

（2）WUE 趋势的主要控制因子是 NDVI（平均贡献：33.75%±6.90%）和 VPD（平均贡献：28.04%±3.98%）。Pre、Temp、WS、LAI 的正、负贡献率分布相对分散，VPD 正贡献率主要分布在松花江和辽河流域、淮河流域、珠江流域和东南诸河。Srad 负贡献率主要分布在内陆河、淮河流域和西南诸河，5 个流域（海河流域、黄河流域、长江流域、珠江流域、松花江和辽河流域）以 NDVI 占绝对优势，东南诸河、淮河流域、内陆河以 Srad 为主，西南诸河以 Shum 为主。

（3）CUE 趋势的主要控制因子是 Srad（平均贡献：36.46%±3.40%）和 Pre（平均贡献：26.72%±5.20%）。LAI、Shum、Temp、VPD 的正、负贡献率分布相对分散，NDVI 负贡献率主要分布在淮河流域和东南诸河，Pre 负贡献率主要分布在松花江和辽河流域及黄河流域，Srad 的负贡献率主要分布在淮河流域、西南诸河和东南诸河，WS 的负贡献率主要分布在松花江和辽河流域及长江流域。淮河流域、松花江和辽河流域、海河流域、西南诸河和内陆河以 Pre 占绝对优势，珠江流域、长江流域、黄河流域以 Srad 为主。

第5章 植被与水文气象多因素联动依赖程度研究

水和碳循环通过植被耦合，植被在光合作用中吸收二氧化碳，同时通过气孔进行蒸腾。蒸腾作用（transpiration，T）消耗原本用于加热地表的能量使地表空气冷却[179-180]。CO_2 的吸收和蒸发冷却都依赖于空气中充足的水分供应。然而，区域内水分有效性的变化对植被生理功能的影响并不一致，植被生理功能的反应取决于该地区是能源有限还是水资源有限[181-183]。与水有关的变量，如土壤湿度和陆地蒸散发的趋势缺乏一致性。生态系统对气候变化的响应分析因涉及不同时间尺度和不同方向的各种过程而变得复杂。与此同时，当前关于植被的温度限制与水分限制的研究并没有统一的结论。例如，近几十年来观测到的广泛的植被变绿并不支持水资源限制增加的概念，但它可能主要是由二氧化碳施肥驱动，暂时掩盖了正在发生的变化。明确植被与水文气象因子的依赖性是研究植被物候与土地利用变化对蒸散发与水分利用效率的基础。因此本章基于 Theil - Sen 斜率估计法和 Mann - Kendall 法研究了1982—2018 年降水量（Pre）、温度（Temp）、下行短波辐射（DSR）、表层土壤水分（SMS）、根系土壤水分（SMR）及归一化植被指数（NDVI）的时空变化趋势。在对气候因素与植被指数时空分析的基础上，基于皮尔逊相关性构建了两种植被限制指数，研究了：①植被可用水量（以 T 作为研究代理）与温度（以 Temp 为研究变量，DSR 为验证变量）、水分（以 Pre、SMS 及 SMR 为研究变量）的依赖程度关系演变；②植被（以 NDVI 作为研究变量，GPP 作为验证变量）与表层土壤水分（以 SMS 作为研究变量，Pre 作为验证变量）、根系土壤水分（以 SMR 作为研究变量）的依赖程度关系演变，旨在为研究植被物候与土地利用变化对蒸散发与水分利用效率奠定理论基础。

5.1 年平均 DSR、SMS 及 SMR 时空变化规律

1982—2018 年中国年平均 DSR 为 179.23W/m^2，范围为 116.1～

263.1W/m²，呈东南至西北递减趋势；年平均SMS为21.32m³/m³，范围为5.21～64.0m³/m³，呈东南至西北递减趋势；年平均SMR为248.89m³/m³，范围为5.21～813.90m³/m³，呈东南至西北递减趋势。从空间上看，1982—2018年中国大多数地区DSR呈增加趋势，主要集中于长江流域中部地区及松花江和辽河流域西北地区，具有显著变化的地区集中在松花江和辽河流域、内陆河、海河流域及西南诸河，大部分具有显著性地区DSR呈减少趋势；在内陆河，SMS主要呈显著增加趋势，在长江流域，SMS主要呈显著减少趋势；在内陆河，SMR主要呈显著增加趋势；在松花江和辽河流域及长江流域，SMR主要呈显著减少趋势。

从时间趋势上看，1982—2018年中国DSR呈显著降低趋势，平均变化速率为－0.55W/(m²·a)；SMS呈显著增加趋势，平均变化速率为3.0m³/(m³·a)；SMR呈显著减少趋势，平均变化速率为－0.4m³/(m³·a)。从流域角度上看，DSR主要呈减少趋势的地区集中在海河流域及淮河流域，平均变化速率分别为－3.5W/(m²·a)及－2.0W/(m²·a)；SMS主要呈减少趋势的地区集中在淮河流域、珠江流域、西南诸河及长江流域，其平均变化速率分别为－3.4m³/(m³·a)、－3.2m³/(m³·a)、－2.6m³/(m³·a)及－2.4m³/(m³·a)，呈增加趋势的地区主要集中在黄河流域及内陆河，平均变化速率分别为1.7m³/(m³·a)及3.0m³/(m³·a)；SMR主要呈减少趋势的地区集中在松花江和辽河流域，其平均变化速率分别为－2.28m³/(m³·a)、呈增加趋势的地区集中在东南诸河，平均变化速率为0.89m³/(m³·a)（图5.1）。

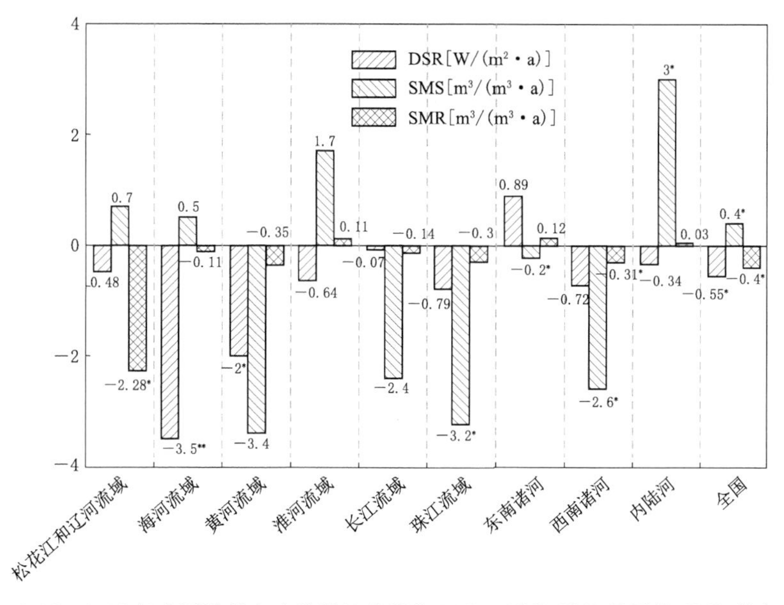

图5.1 1982—2018年中国及其九大流域片的平均DSR、平均SMS及平均SMR的变化趋势
（注：*表示时间变化趋势通过95%显著性水平，**表示通过99%显著性水平。）

5.2　植被动态的多因素依赖程度

1982—2018 年，三种植被限制指数 $VLI_{(T,Pre|TEM)}$、$VLI_{(T,SMS|TEM)}$ 及 $VLI_{(T,SMR|TEM)}$ 的异常值在 1997 年之前是在波动中增加，表示在 1997 年之前，植被可用水量与水分的关系相对于温度无明显区别，而 1997 之后植被指数的异常值均大于 0，表示 1997 年后植被可用水量与水分的关系相对于温度的关系更加密切（图 5.2）。与此同时，从三种植被限制指数的时间变化趋势上看，其变化速率分别为 0.014/10a、0.038/10a 及 0.036/10a，且变化趋势具有显著性（$P<0.05$），表示植被可用水量与水分的关系变得越来越密切，主要是由于气候变化下，全球温度不断升高，不断接近植被生理活动的最适温度，因此植被的温度限制减弱；而温度不断升高使得大气中的水汽蒸发需求增加，因此植被的水分限制增加，并随着温度的不断升高，植被的水分限制不断在增加。由于 DSR 与 TEM 的关系十分密切，使用 DSR 计算 $VLI_{(T,Pre|DSR)}$、$VLI_{(T,SMS|DSR)}$ 及 $VLI_{(T,SMR|DSR)}$ 三种植被限制指数，用作验证植被可用水量与水

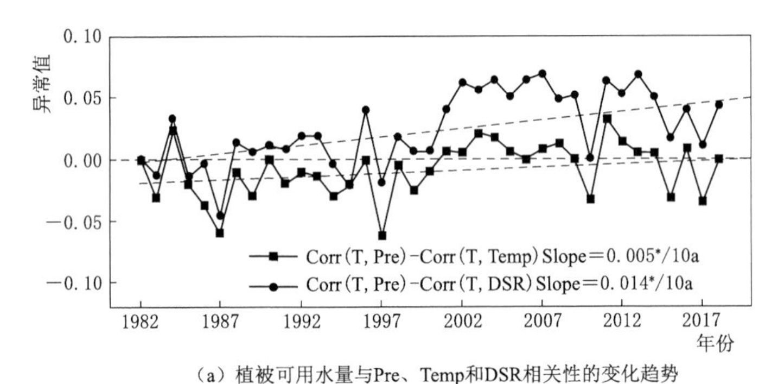

（a）植被可用水量与Pre、Temp和DSR相关性的变化趋势

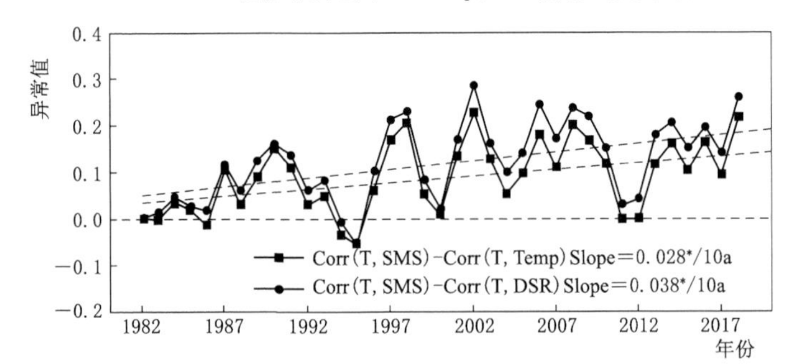

（b）植被可用水量与SMS、Temp和DSR相关性的变化趋势

图 5.2（一）　1982—2018 年植被可用水量与三种水分因子（Pre、SMS、SMR）、两种温度因子（Temp、DSR）相关性的变化趋势

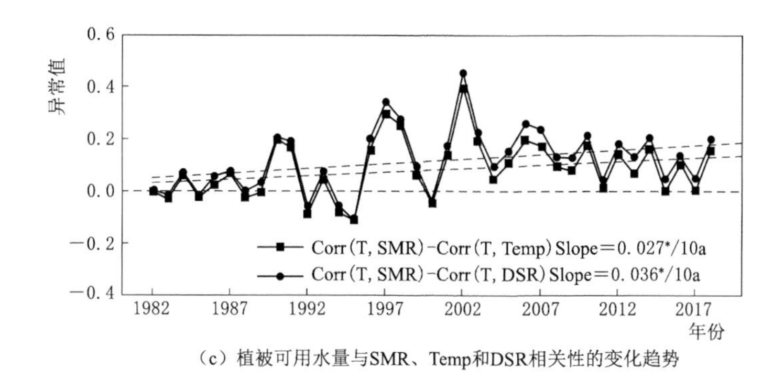

(c) 植被可用水量与SMR、Temp和DSR相关性的变化趋势

图 5.2（二）　1982—2018 年植被可用水量与三种水分因子（Pre、SMS、SMR）、两种温度因子（Temp、DSR）相关性的变化趋势

（注：* 表示趋势在 95%置信水平上具有显著性。图中 Slope 为斜率。）

分、温度的关系。1982—2018 年 $VLI_{(T,Pre|DSR)}$、$VLI_{(T,SMS|DSR)}$ 及 $VLI_{(T,SMR|DSR)}$ 的平均变化速率分别为 0.005/10a、0.028/10a 及 0.027/10a，除 $VLI_{(T,Pre|DSR)}$ 与 $VLI_{(T,PRE|TEM)}$ 的时间变化趋势差别较大外，$VLI_{(T,SMS|TEM)}$、$VLI_{(T,SMS|DSR)}$ 及 $VLI_{(T,SMR|TEM)}$、$VLI_{(T,SMR|DSR)}$ 两种植被指数的时间变化曲线及变化趋势十分相似，说明 $VLI_{(T,Pre|TEM)}$、$VLI_{(T,SMS|TEM)}$ 及 $VLI_{(T,SMR|TEM)}$ 的结果可信。

1982—2018 年两种植被限制指数 $VLI_{(GPP,SMR|SMS)}$ 及 $VLI_{(NDVI,SMR|SMS)}$ 的异常值在研究期间时正时负，表示植被与根系土壤水分的关系相对于与表层土壤水分的关系无明显转变，从时间变化趋势上看，变化速率分别为 0.0141/10a 及 0.025/10a，且变化趋势具有显著性（$P<0.05$），表示植被与根系土壤水分的关系相对于与表层土壤水分的关系变得更加密切（图 5.3）。由于 Pre 与 SMS 的关系十分密切，使用 Pre 计算 $VLI_{(GPP,SMR|Pre)}$ 及 $VLI_{(NDVI,SMR|Pre)}$ 两种植被限制指数，平均变化趋势分别为 0.0137/10a 及 0.018/10a，且变化趋势具有显著性（$P<0.05$），用以验证 $VLI_{(GPP,SMR|SMS)}$ 及 $VLI_{(NDVI,SMR|SMS)}$，两种植被指数的时间变化曲线及变化趋势十分相似，说明 $VLI_{(GPP,SMR|SMS)}$ 及 $VLI_{(NDVI,SMR|SMS)}$ 的结果可信。这种情况主要是由于全球温度不断升高，实际蒸散发的增加使得径流减少，进而土壤入渗量减少，致使表层土壤水分补充量不断减少，不足以满足植被的生长需求，因此植被转向吸收更深层根系的土壤水分，但由于全球的气候变化从 20 世纪 80 年代陡然加速，因此这种植被并未完全转向依赖于更深层的土壤水分，但依赖性在逐渐增加。

植被限制指数表示了植被与温度、水分的定性分析结果，使用多元线性回归系数定量分析 Pre、SMS、SMR、TEM、DSR 与植被关系的时间变化趋势（图 5.4）。SMR 的时间变化趋势分别为 0.009/10a 和 0.028/10a，且变化

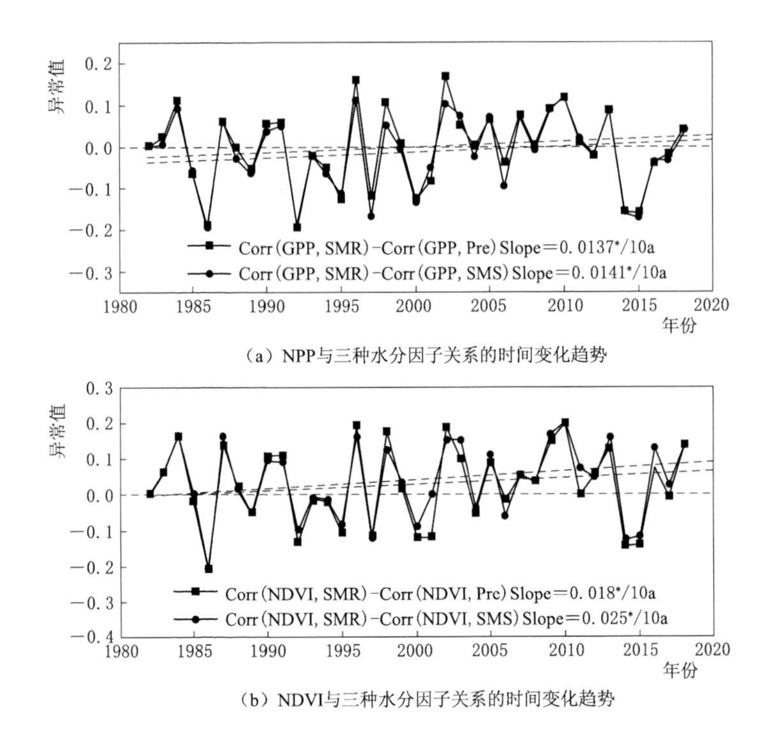

（a）NPP与三种水分因子关系的时间变化趋势

（b）NDVI与三种水分因子关系的时间变化趋势

图 5.3　1982—2018 年植被与根系、表层土壤水分关系的时间变化趋势

（注：图中 Slope 为斜率。）

趋势具有显著性，表示随着时间的推移 SMR 与植被的关系正在逐年增加；Pre 回归系数的异常值在研究期间整体变化趋势分别为 0.038/10a 和 0.034/10a，虽然变化趋势不具有显著性，但变化趋势较为一致，表示随着时间的推移植被与表层土壤水分的关系同样逐年增加；变化趋势可以分为两个阶段，

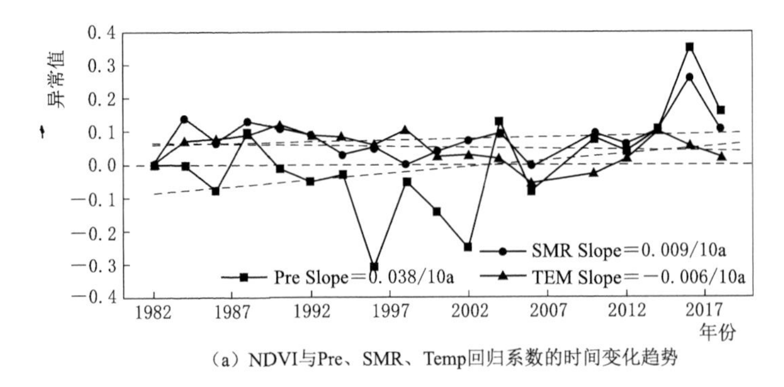

（a）NDVI与Pre、SMR、Temp回归系数的时间变化趋势

图 5.4（一）　1982—2018 年 NDVI、GPP 与 Pre、SMR、Temp、SMS、DSR 回归系数的时间变化趋势

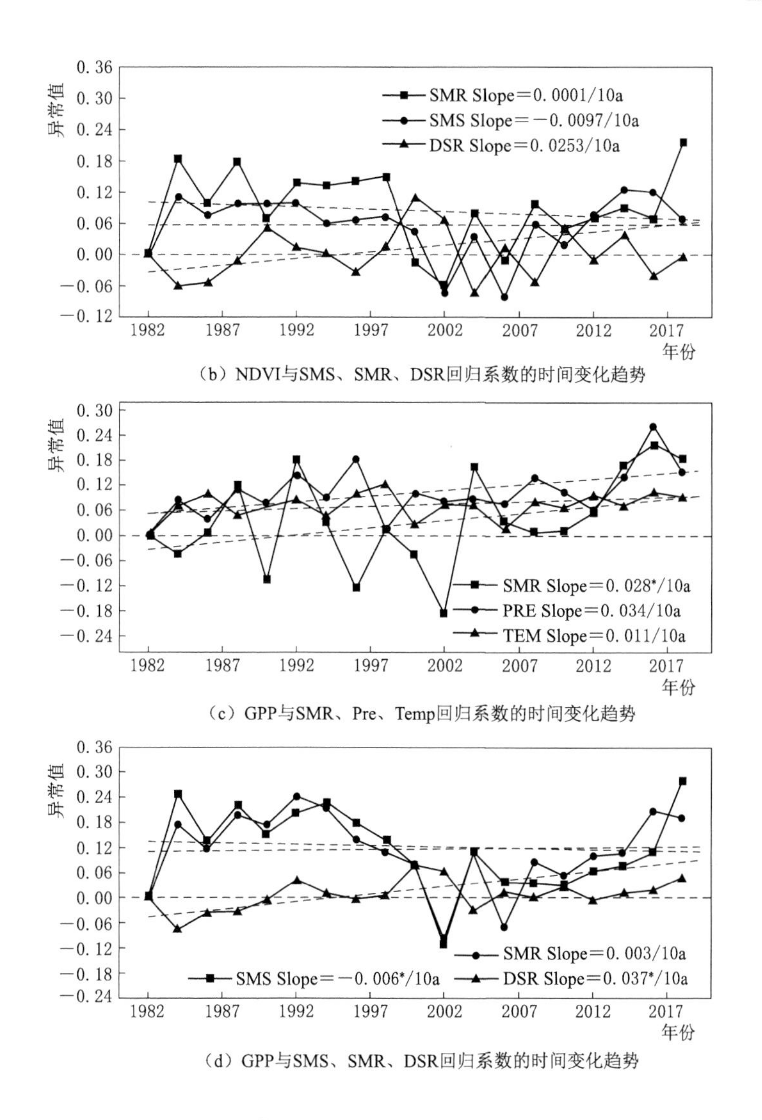

（b）NDVI与SMS、SMR、DSR回归系数的时间变化趋势

（c）GPP与SMR、Pre、Temp回归系数的时间变化趋势

（d）GPP与SMS、SMR、DSR回归系数的时间变化趋势

图 5.4（二）　1982—2018 年 NDVI、GPP 与 Pre、SMR、Temp、SMS、DSR 回归系数的时间变化趋势

（注：图中 Slope 为斜率。）

在 2003 年前正负不一，在 2003 年之后较为一致地变为正值，说明在 2003 年前，植被与表层土壤水分的关系无明显的变化趋势。SMS、SMR、DSR 与 NDVI、GPP 回归系数的时间变化趋势中，SMR 的时间变化趋势分别为 0.0001/10a 和 0.003/10a，在 2002 年附近出现正负值变化，但整体均呈增加的变化趋势，表明随着时间的推移 SMR 与植被的关系正在逐年增加；

DSR 的时间变化趋势分别为 0.0253/10a 和 0.037/10a，逐年回归系数的变化曲线相似，整体均呈增加的变化趋势；SMS 的时间变化趋势分别为 −0.0097/10a 和 −0.006/10a，逐年回归系数的变化曲线相似，整体均呈减少的变化趋势。

5.3 讨论

本书研究发现，植被对根区土壤水分的波动表现出更强的敏感性，这与以往植被对当前气候变化响应研究的结论具有一定的相似性，而植被对根区土壤水分的响应存在异质性，这主要与植被类型有关。Flach et al.[188] 指出，在全球范围内，相较于其他植被类型，森林对于干旱事件具有较低的敏感性。张更喜等[189] 基于 1982—2015 年中国地区的 NDVI 及改进帕尔默干旱指数的研究表明，草地对干旱的敏感性强于林地。Sun et al.[190] 基于 MODIS、FLUXCOM 数据集以及多款陆面模式生成的 GPP 产品计算出 GPP 与标准化降水蒸散发指数（SPEI）之间的最大相关系数，结果表明农田和草地的 GPP 与干旱的相关性最强，其次是灌丛和森林。这一现象与不同植被群落的结构、根区分布及其所处气候条件等方面的差异关系密切[191]。深根植被类型对土壤水分的响应区间大于浅根植被，同时不同植被对土壤水分亏缺的敏感程度也存在差异，而在植被敏感区间内，植被生产力属性与土壤水分连续亏缺天数表现出了反 S 形的临界关系曲线，即干旱初期植被功能几乎不下降甚至略有上升，干旱持续时植被生产力加速下降，至干旱结束前植被生产力仅小幅波动。这一现象与植被适应缺水的生理机制是相吻合的，一种可能的解释是：植被响应干旱是“渐进加突变”的过程，干旱开始时，植物首先经历一个抵抗阶段，此时承受缺水且不偏离功能上限，该功能上限取决于观察的时空尺度以及物种的生理和物理限制[192]；随着干旱加剧，植物和生态系统承受干旱胁迫作用，使得植被通过关闭气孔、产生更小更厚的叶片、发展深根等“避热”行为以适应不利环境；在干旱依然持续的情况下，植物可能会继续通过功能的变化来应对日益增加的干旱强度，或者在干旱强度的阈值水平上功能发生突然的、非线性的变化，最终造成植被的永久性功能损伤或死亡。在全球变暖背景下，饱和水汽压差-土壤水分的耦合将进一步增强，这一正反馈过程使得大气和土壤水分亏缺对植被生长的负效应的单一影响会进一步放大[193]，同时这一过程对植被生长的负效应将增加水分胁迫和减小固碳量来体现[194]，因此，在当前全球气候变化背景下，需要持续关注气候变化对植被生理活动的影响，尤其是植被与水分、温度关系的变化。

5.4 本章小结

本章基于 Theil-Sen 斜率估计法和 Mann-Kendall 法研究了 1982—2018 年降水（Pre）、温度（Temp）、下行短波辐射（DSR）、表层土壤水分（SMS）、根系土壤水分（SMR）及归一化植被指数（NDVI）的时空变化趋势，而后构建了植被限制指数，研究了植被可用水量与温度、水分的关系及植被与表层土壤水分及根系土壤水分的关系。主要结论如下：

（1）从时间序列上看，1982—2018 年中国 TEM 呈极显著（$P<0.01$）增加趋势，平均变化速率为 0.034℃/a，各流域 TEM 平均变化速率从大到小为：海河流域（0.048℃/a）、东南诸河（0.046℃/a）、黄河流域（0.041℃/a）、淮河流域（0.041℃/a）、内陆河（0.040℃/a）、长江流域（0.034℃/a）、珠江流域（0.028℃/a）、松花江和辽河流域（0.027℃/a）、西南诸河（0.008℃/a）；Pre 呈不显著增加趋势（$P>0.05$），平均变化速率为 0.36mm/a，各流域变化趋势轻微且多数流域变化趋势不显著；NDVI 呈极显著（$P<0.01$）增加趋势，平均变化速率为 7.15×10^{-4}/a，各流域变化速率从大到小为：黄河流域（2.2×10^{-3}/a）、海河流域（1.53×10^{-3}/a）、珠江流域（9.35×10^{-4}/a）、淮河流域（7.61×10^{-4}/a）、长江流域（7.36×10^{-4}/a）、松花江和辽河流域（5.91×10^{-4}/a）、内陆河（4.86×10^{-4}/a）、东南诸河（4.63×10^{-4}/a）、西南诸河（0.31×10^{-4}/a）。

（2）从空间上看，1982—2018 年中国多年平均 Temp 为 6.61℃/a，整体沿东南诸河海岸线向北梯度减少；多年平均 Pre 为 580.53mm/a，最大为 3881.82mm/a，最小值为 6.59mm/a，自东南至西北减少；多年平均 NDVI 为 0.513，最大为 0.967，最小值为 0.017，且空间变化趋势与 Pre、Temp 大致相同。

（3）使用植被蒸腾量（T）与温度（TEM）、水分（Pre、SMS 及 SMR）分别构建了植被限制指数 $VLI_{(T,Pre|TEM)}$、$VLI_{(T,SMS|Temp)}$ 及 $VLI_{(T,SMR|Temp)}$，其在 1982—2018 年一致呈增加趋势，表明相对于温度，植被与水分的关系正变得更加密切。进一步使用植被指数（NDVI）与表层土壤水分（SMS）、根系土壤水分（SMR）构建了植被限制指数 $VLI_{(NDVI,SMR|SMS)}$，1982—2018 年平均 $VLI_{(NDVI,SMR|SMS)}$ 变化趋势为 0.018/10a，表明相对于表层土壤水分，植被与根系土壤水分的关系在持续增加。

第6章 基于多情景参数优化的土地利用与植被物候变化对实际蒸散发的贡献研究

IPCC第六次全球气候变化评估报告指出，人类活动导致的CO_2等温室气体排放量不断增加，使得气候变化不断加剧[17-18]。全球气候变化导致海平面上升、冰川融化、高温热浪和暴雨等极端温度或降水事件频发[184-187]，使得植被生长环境发生显著变化。植被作为陆地生态系统的主体，不仅连接着陆地生态系统中大气、水体及土壤，还是连接水循环及能量循环的纽带。植被的大规模动态变化可以快速改变蒸散发，人类活动引起的全球气候变化可以通过引起植被动态变化而对水资源管理带来重大挑战，因此确定土地利用与植被物候变化对实际蒸散发的影响意义重大。为研究土地利用与植被物候对实际蒸散发的贡献，在明确植被与水文气象因子的依赖性演变的基础上，本章研究重点为：①利用动态阈值及Savitzky-Golay滤波提取1982—2018年植被物候信息，明晰长时间序列中国植被物候变化规律。②多情景参数优化PT-JPL模型，使其具备土地利用变化（LUCC）与植被物候变化（PHEN）的双重植被动态信息，模拟多情景实际蒸散发。同时，利用中国8个通量站2003—2010年的实际蒸散发数据进行多情景模拟的验证。③基于优化后的PT-JPL模型，构建模拟情景：假设1982—2018年植被物候期不变的情景、假设1982—2018年土地利用不变的情景、1982—2018年真实情景，分别计算相应情景下的实际蒸散发ET_{PHEN}（该情景下的植被物候期被固定为1982年的情况）、ET_{LUCC}（该情景下的土地利用被固定为1982年的情况）及ET_{ALL}（该情景下的土地利用及植被物候均为1982—2018年实际动态变化变化情况），用以定量研究PHEN与LUCC两种植被动态对ET的贡献。

中国8个通量站的基本信息见表6.1。

表 6.1　　8 个通量站的基本信息

站点	时间范围	所在流域	覆盖类型
CBF	2003 年 1 月—2010 年 12 月	松花江和辽河流域	林地
DXG	2004 年 1 月—2010 年 12 月	西南诸河	草地
QYF	2003 年 1 月—2010 年 12 月	长江流域	林地
YCA	2003 年 1 月—2010 年 12 月	海河流域	耕地
HBG	2003 年 1 月—2010 年 12 月	黄河流域	灌木
BNF	2003 年 1 月—2010 年 12 月	东南诸河	林地
DHF	2003 年 1 月—2010 年 12 月	珠江流域	林地
NMG	2004 年 1 月—2009 年 12 月	内陆河	草地

6.1　植被物候时空变化规律

6.1.1　植被物候的空间分析

1982—2018 年中国年平均生长季开始时间（SOS）为第 110.7 天，范围为第 15～166 天，呈东南至西北递减趋势，最小值集中在内陆河及淮河流域，在内陆河主要分布着裸地与荒漠草地，而淮河流域主要为耕地；最大值出现在西南诸河，该地区分布着常绿阔叶林。年平均生长季结束时间（EOS）为第 304 天，范围为第 212～350 天，呈东南至西北递减趋势，在内陆河由于主要分布着裸地与荒漠草地，生长期较短，因此 EOS 较早；在珠江流域、长江流域南部、西南诸河东南部及东南诸河，主要分布着常绿阔叶林，生长期长，因此 EOS 较晚。年平均 GSL 为 193.05d，范围为 94～279d，呈东南至西北递减趋势。从空间上看，1982—2018 年中国大多数地区 SOS 呈提前趋势，主要集中于长江流域、淮河流域、松花江和辽河流域及内陆河中部地区，变化趋势范围为－4.5～4d/a，其中具有显著变化的地区集中在长江流域、黄河流域、海河流域及淮河流域，大部分具有显著性地区 SOS 呈提前趋势；在内陆河中部、长江流域及珠江流域 EOS 主要呈显著提前趋势，黄河流域、松花江和辽河流域及西南诸河主要呈显著推迟趋势，变化趋势范围为－3～3.3d/a；在内陆河、黄土高原地区生长季长度（GSL）主要呈缩短趋势；在长江流域、海河流域及淮河流域主要呈延长趋势，变化趋势范围为－4～4.5d/a。

6.1.2　植被物候的时间分析

1982—2018 年中国及九大流域片 SOS、EOS 及 GSL 的时间变化趋势，从整体上看，SOS具有显著提前趋势（$P<0.05$），平均变化速率为－0.12d/a；EOS平均推迟速率为0.07d/a；GSL具有显著的延长趋势（$P<0.05$），平均变化速率为0.18d/a（图6.1）。

从流域角度来看，SOS提前较为显著，平均提前速率从大到小的顺序为：淮河流域（－0.62d/a）、长江流域（－0.30d/a）、海河流域（－0.24d/a）、东南诸河（－0.24d/a）、珠江流域（－0.14d/a）、松花江和辽河流域

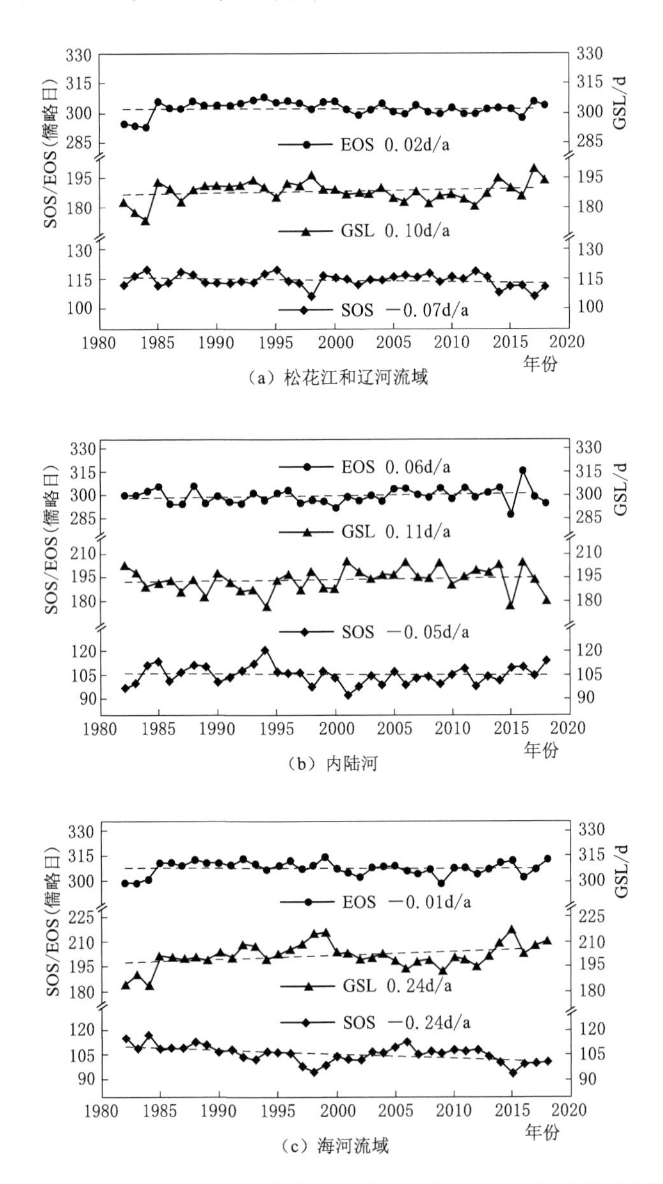

图6.1（一）　1982—2018年中国及九大流域片的SOS、EOS和GSL的时间变化趋势

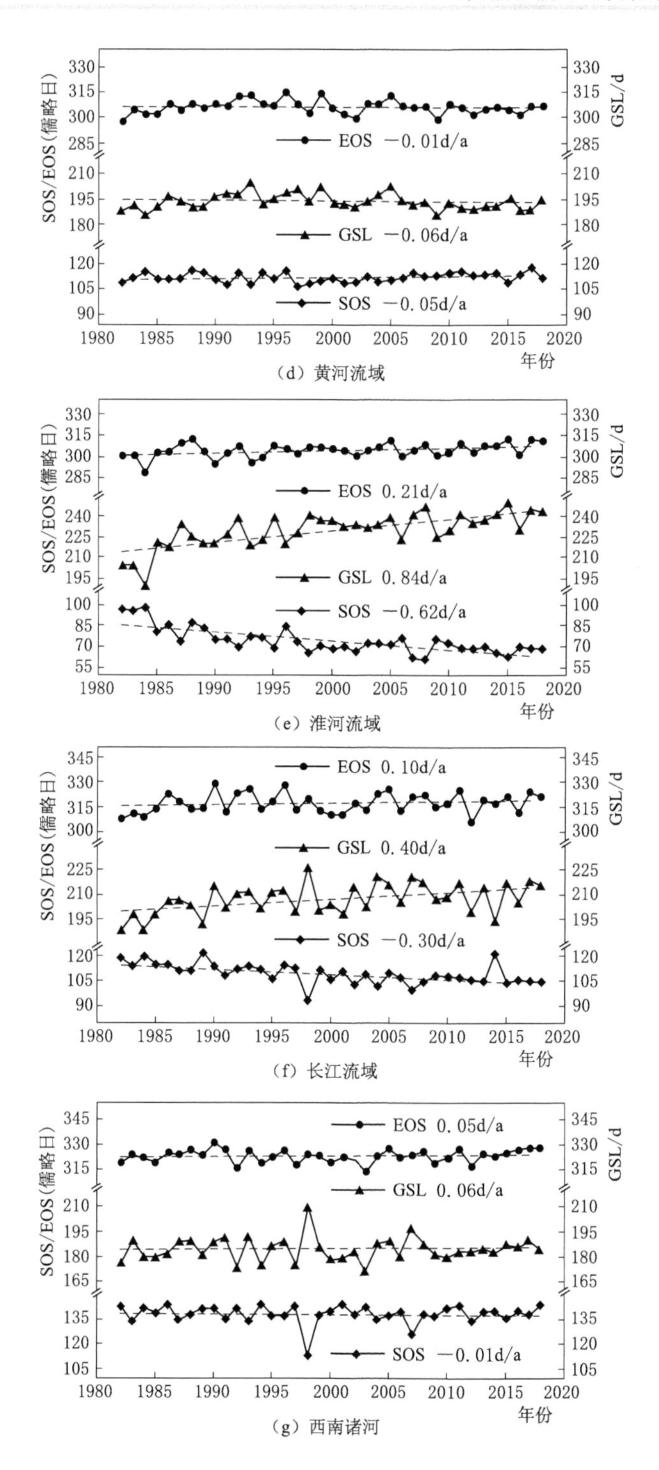

图 6.1（二） 1982—2018 年中国及九大流域片的 SOS、EOS 和 GSL 的时间变化趋势

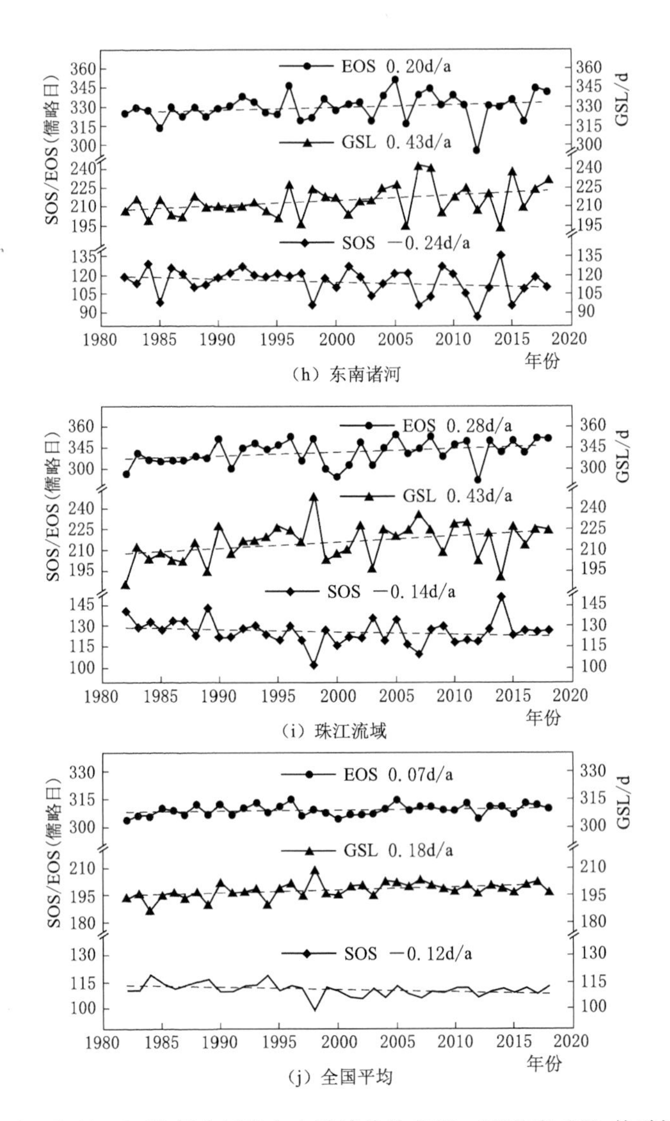

图6.1（三）　1982—2018年中国及九大流域片的SOS、EOS和GSL的时间变化趋势

（注：＊表示时间变化趋势通过95%显著性水平，＊＊表示通过99%显著性水平。）

（−0.07d/a）、内陆河（−0.05d/a）、西南诸河（−0.01d/a）、黄河流域（0.05d/a），其中海河流域、淮河流域及长江流域的提前趋势具有显著性（$P<0.05$）。

EOS的推迟趋势不显著，平均推迟速率从大到小的顺序为：珠江流域（0.28d/a）、淮河流域（0.21d/a）、东南诸河（0.20d/a）、长江流域（0.10d/a）、内陆河（0.06d/a）、西南诸河（0.05d/a）、松花江和辽河流域（0.02d/a）、海河流域（−0.01d/a）；GSL的延长趋势主要集中在淮河流域（0.84d/a）。

GSL的延长趋势明显，平均延长速率从大到小的顺序为：淮河流域（0.84d/a）、珠江流域（0.43d/a）、东南诸河（0.43d/a）、长江流域（0.40d/a）、海河流域（0.24d/a）、内陆河（0.11d/a）、松花江和辽河流域（0.1d/a）、西南诸河（0.06d/a）、黄河流域（−0.06d/a），其中海河流域、淮河流域、长江流域、东南诸河及珠江流域具有显著变化。

6.2 土地利用空间变化分析

1982—2018年中国土地利用发生了剧烈改变，主要集中于长江流域、松花江和辽河流域、黄河流域。松花江和辽河流域的主要土地利用类型包括森林、草地和农地，其中森林分布在流域东部及北部地区，农地分布在流域中部地区，草地分布在西北部地区。海河流域的土地利用类型主要为草地和农地，其中草地分布在海河流域北部地区。淮河流域的土地利用类型主要为农地。黄河流域的主要土地利用类型包括农地、草地和裸地，黄河下游地区主要分布为农地，黄土高原地区主要分布为裸地，黄河上游南部地区主要分布为草地。长江流域的土地利用类型包括草地、森林、裸地、农地，其中长江流域上游地区为裸地，在玉树—雅砻江地区为草地，中部地区为森林，下游广泛分布农地。珠江流域的主要土地利用类型为森林和农地，森林分布在流域的北部地区，农地分布在流域南部地区。东南诸河的土地利用类型主要为森林。西南诸河的土地利用类型包括森林、冰/雪、裸地和草地，流域最西部为裸地，喜马拉雅山脉一带为草地和冰/雪，流域东南地区为森林。内陆河的土地利用类型为广泛的裸地以及位于流域西北部小部分草地。

6.3 模型精度验证

本节使用动态植被信息分别构建4种模型并与通量站数据对比以验证选取最佳优化模型（表6.2）。

表6.2　4种模型构建详细信息

序号	符号	优化参数	模型携带的植被信息
1	$ET_{original}$	无	无（原始PT-JPL模型）
2	ET_{m1_β}	m_1、β	1982—2018年土地利用
3	ET_{TOPT}	T_{OPT}	1982—2018年植被物候
4	ET_{ALL}	m_1、β、T_{OPT}	1982—2018年土地利用与植被物候

表 6.3 2003—2010 年原始 PT-JPL 模型及优化后逐月 ET 值与通量站 ET 观测值的均方根误差

站点	RMES/mm				$R^2 \times 100$				PBIAS/%			
	ET_{ALL}	ET_{m1_β}	ET_{TOPT}	$ET_{original}$	ET_{ALL}	ET_{m1_β}	ET_{TOPT}	$ET_{original}$	ET_{ALL}	ET_{m1_β}	ET_{TOPT}	$ET_{original}$
CBF	16.20	16.26	18.96	19.56	89.04	88.85	88.46	88.32	2.98	2.95	2.94	2.93
DXG	9.43	9.43	9.45	9.56	91.12	91.10	91.10	90.82	2.98	2.95	2.94	2.93
QYF	26.89	27.65	35.71	37.87	84.53	84.20	84.34	84.19	12.68	12.89	16.34	17.32
YCA	36.24	36.46	44.25	44.15	76.65	76.42	74.22	74.57	22.17	22.09	22.52	22.48
HBG	27.94	27.98	31.12	31.31	81.53	81.48	81.83	81.80	18.77	18.98	17.52	17.64
BNF	15.40	14.89	14.07	13.90	56.08	55.98	53.85	53.84	18.32	18.01	16.52	16.42
DHF	16.20	16.31	18.96	18.97	76.85	76.23	75.60	75.23	9.44	9.60	10.04	10.04
NMG	27.14	27.19	27.37	27.42	65.57	65.47	65.20	65.10	16.47	16.42	16.65	16.83

通过对表 6.3 中数据分析可知，8 个通量站的平均 RMSE 从大到小的顺序为：$ET_{original}$（25.34mm）、ET_{m1_β}（22.02mm）、ET_{TOPT}（24.99mm）、ET_{ALL}（21.93mm）；平均 R^2 从大到小的顺序为：$ET_{original}$（0.7673）、ET_{m1_β}(0.7682)、ET_{TOPT}(0.7746)、ET_{ALL}(0.7767)；平均 PBIAS 从大到小的顺序为：$ET_{original}$（13.32%）、ET_{m1_β}（13.18%）、ET_{TOPT}（12.98%）、ET_{ALL}(12.97%)。从 3 个误差指标上可以看出 ET_{ALL} 的模拟精度较高，相对于 $ET_{original}$、ET_{m1_β}、ET_{TOPT} 的模拟效果更好，这主要是由于 $ET_{original}$、ET_{m1_β}、ET_{TOPT} 虽然在多数 ET 值较小的月份模拟效果较好，但对于每年 6、7 月 ET 达到最大值时的模拟效果不足，因此使得误差更大，同时意味着 PT - JPL 模型略微低估了 ET（图 6.2）。ET_{ALL} 在 8 个通量站的平均 RMSE 为 21.93mm，最大值出现在 YCA（36.24mm），最小值出现在 DXG（9.43mm）；平均 R^2 为 0.7767，最大值出现在 DXG（0.9112），最小值出现在 NMG（0.6557）；平均 PBIAS 为 12.97%，最大值出现在 YCA（22.17%），最小值出现 DXG（2.98%）。在主要的植被类型中，草地的 RMSE 最小（18.28mm），其次是林地（18.67mm）、灌木（27.94mm），耕地最大（36.24mm）；草地的

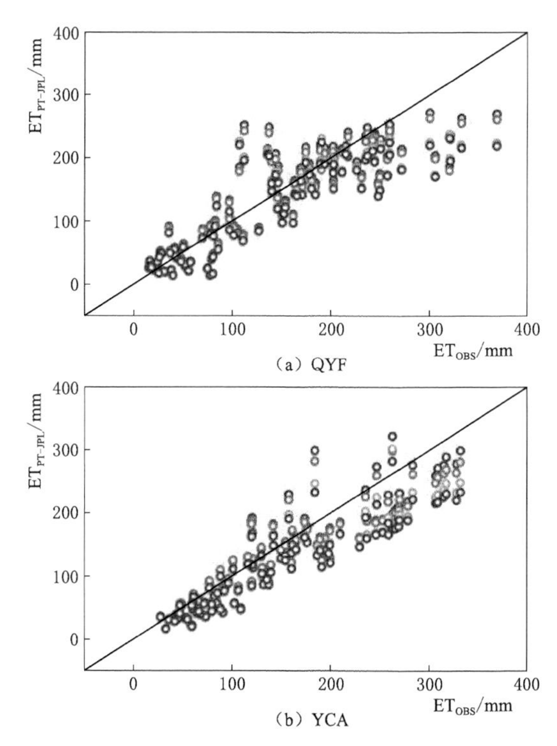

图 6.2（一） 2003—2010 年原始 PT - JPL 模型及优化后模型输出逐月 ET 值与通量站逐月 ET 的散点对比结果

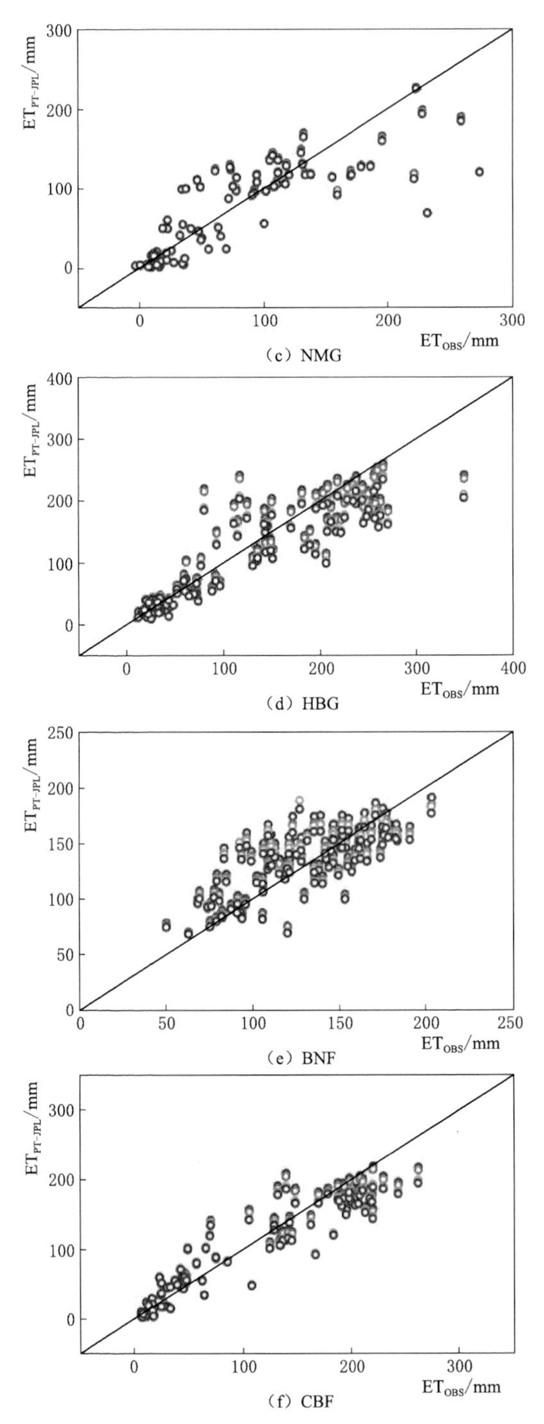

图6.2(二) 2003—2010年原始PT-JPL模型及优化后模型输出逐月ET值与通量站逐月ET的散点对比结果

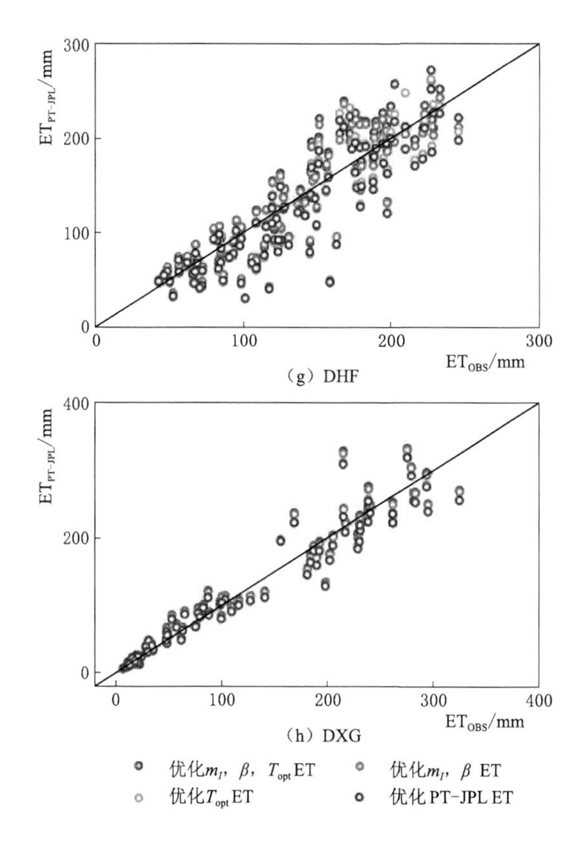

图 6.2（三） 2003—2010 年原始 PT－JPL 模型及优化后模型输出逐月 ET 值与通量站逐月 ET 的散点对比结果

PBIAS 最小（9.72%），其次是林地（10.85%），灌木（18.77%），耕地最大（22.17%）；灌木的 R^2 最大（0.8153），其次是草地（0.7834）、耕地（0.7665）、林地（0.7662），说明 PT－JPL 模型对草地的模拟效果较好，对耕地的模拟最差，这主要是由于本书仅提取了一年一季的植被物候用于优化 PT－JPL 模型，但耕地通常不只一年一季，除此之外，耕地有人为灌溉，因此模拟受到影响。不过从三种指标来看，按土地利用、植被物候双重优化后的 PT－JPL 模型模拟效果最可靠，足以模拟全国的 ET。

6.4 多情景实际蒸散发时空变化规律

在确定使用动态植被物候与土地利用信息为优化 PT－JPL 模型的最佳方案后，使用上述优化的 PT－JPL 模型分别模拟了三种情景下的蒸散发（表 6.4）。

表 6.4 基于优化 PT-JPL 模型的三种情景设计详细信息

序号	情景名称	符号	实现方法
1	实际情景	ET_{ALL}	逐年动态 T_{OPT}、m_1、β
2	静态植被物候变化情景	ET_{PHEN}	基于 1982 年固定 T_{OPT}
3	静态土地利用变化情景	ET_{LUCC}	基于 1982 年固定 m_1、β

6.4.1 实际情景下实际蒸散发时空变化规律

6.4.1.1 实际情景下实际蒸散发的空间分析

1982—2018 年中国年平均 ET 为 443.57mm，最大值为 1580.54mm（出现在珠江流域），最小值为 92.55mm（出现在珠穆朗玛峰一带），整体沿东南诸河海岸线至内陆河梯度减少。

松花江和辽河流域处于温带，植被主要为温带草原、温带针叶林及寒温带针叶林，流域东南部沿海水汽充足，但纬度较高且气温相对较低，使得年平均 ET 为 437.55mm，沿东南海岸线向西北减少。

海河流域内部 ET 变化趋势与松花江和辽河流域相似，西部沿渤海地区水汽充足，蒸散发较大，向东部内陆地区梯度减少，该流域处于温带，植被以暖温带落叶阔叶林为主，年平均 ET 为 439.66mm。

淮河流域西部沿海为黄海，水汽充足，向东部陆地逐渐减小，该流域地处华北平原，植被以暖温带阔叶林、耕地为主，年平均 ET 为 457.16mm。

黄河流域横跨青藏高原、黄土高原、华北平原，因此气候条件十分复杂，其中西北部为温带大陆性气候，东北部为温带季风性气候，西南部为高原气候。黄河为该流域提供了充足的水汽，同时也带来了土壤侵蚀、水土流失等一系列问题。流域内植被以暖温带阔叶林为主，同时黄河流域中下游地区水土肥沃，主要以耕地为主，黄河流域年平均 ET 为 426.74mm。

长江流域植被密集，以亚热带常绿阔叶林为主，长江为该地区提供充足水分，因此流域年平均 ET 为 619.05mm，空间上无明显变化趋势。

西南诸河的西北部地区为高原气候，位于珠穆朗玛峰一带，海拔较高、温度较低，以稀疏的高寒植被为主；流域东南地区为亚热带季风气候，植被十分茂密，以热带季风雨林为主。整体流域年平均 ET 为 587.84mm。

珠江流域广泛分布着茂密的亚热带常绿阔叶林，地处亚热带季风气候区，同时南临南海为该流域提供了充足的水汽，因此该流域有较高的蒸散发，流域 ET 整体呈现自南向北递减，年平均 ET 为 647.72mm。

东南诸河是中国 ET 最高的流域，年平均 ET 为 728.78mm，变化趋势为从东南海岸线至西北依次递减。这是由于该地区为亚热带季风气候，温度整体较高，东南部临东海有充足的水分供应，同时流域内主要生长着浓密的亚热带常绿阔叶林。

内陆河年平均 ET 为 252.91mm，最小值出现在塔里木沙漠与古尔班通古特沙漠，流域内部与中国年均 ET 变化趋势相似，是中国年平均 ET 最低的地区，主要是由于该地区位于高原干旱区且流域内主要由荒漠草原和沙漠所覆盖，使得该地区降水和土壤水分较少。

1982—2018 年中国九大流域片 ET 空间变化趋势像元统计见表 6.5。

表 6.5　1982—2018 年中国九大流域片 ET 空间变化趋势像元统计结果　%

区　域	增加像元占比	减少像元占比	显著增加像元占比	显著减少像元占比
松花江和辽河流域	71	29	33	1
海河流域	77	23	33	1
淮河流域	95	5	57	0
黄河流域	99	1	91	0
长江流域	98	2	74	0
珠江流域	92	8	49	1
东南诸河	100	0	92	0
西南诸河	95	5	65	0
内陆河	78	22	51	8
全国	85	15	57	3

6.4.1.2　实际情景下实际蒸散发的时间分析

从时间趋势上看，1982—2018 年中国 ET 具有极显著的（$P<0.01$）增加趋势，平均变化速率为 1.31mm/a，ET 在 2011 年达到最大（473.89mm），在 1993 年出现研究期间的最小值（412.30mm）（图 6.3）。从流域角度来看，中国九大流域片 ET 均呈增加趋势，平均变化速率从大到小分别为：东南诸河、黄河流域、长江流域、西南诸河、淮河流域、珠江流域、内陆河、海河流域、松花江和辽河流域。松花江和辽河流域 ET 的增加趋势不具有显著性（$P>0.05$），平均变化速率为 0.64mm/a，ET 在 1982 年达到最大（485.59mm），在 2013 年达到最小（389.33mm）。海河流域 ET 的增加趋势不具有显著性（$P>0.05$），平均变化速率为 0.76mm/a，ET 在 2017 年达到最大（477.22mm），在 2003 年达到最小（363.1mm）。淮河流域 ET 的增加趋势具有显著性（$P<0.05$），平均变化速率为 1.62mm/a，ET 在 2013 年达到最大（528.09mm），在 2013 年达到最小（348.13mm）。黄河流域 ET 的增加趋势具有极显著性（$P<0.01$），平均变化速率为 2.70mm/a，ET 在 2016 年达到最大（488.25mm），在 1983 年达到最小（355.38mm）。长江流域 ET

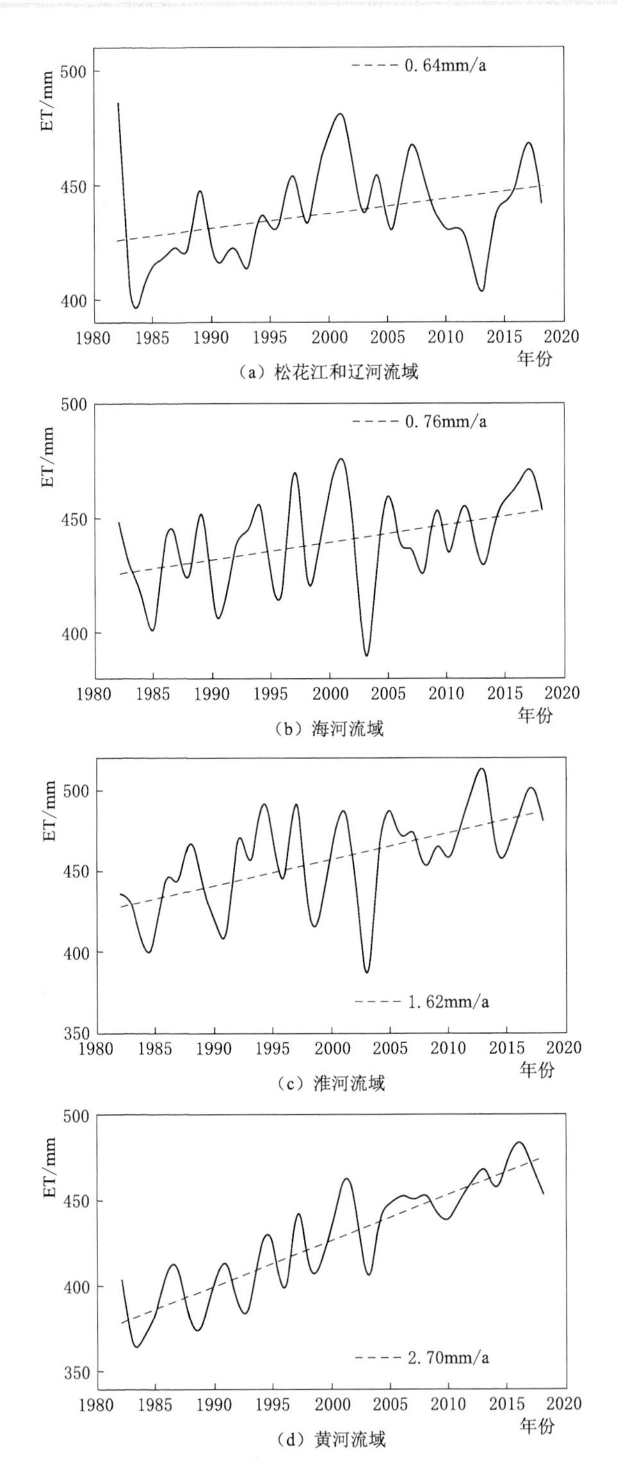

图 6.3 (一) 1982—2018 年中国及其九大流域片的 ET 时间变化趋势

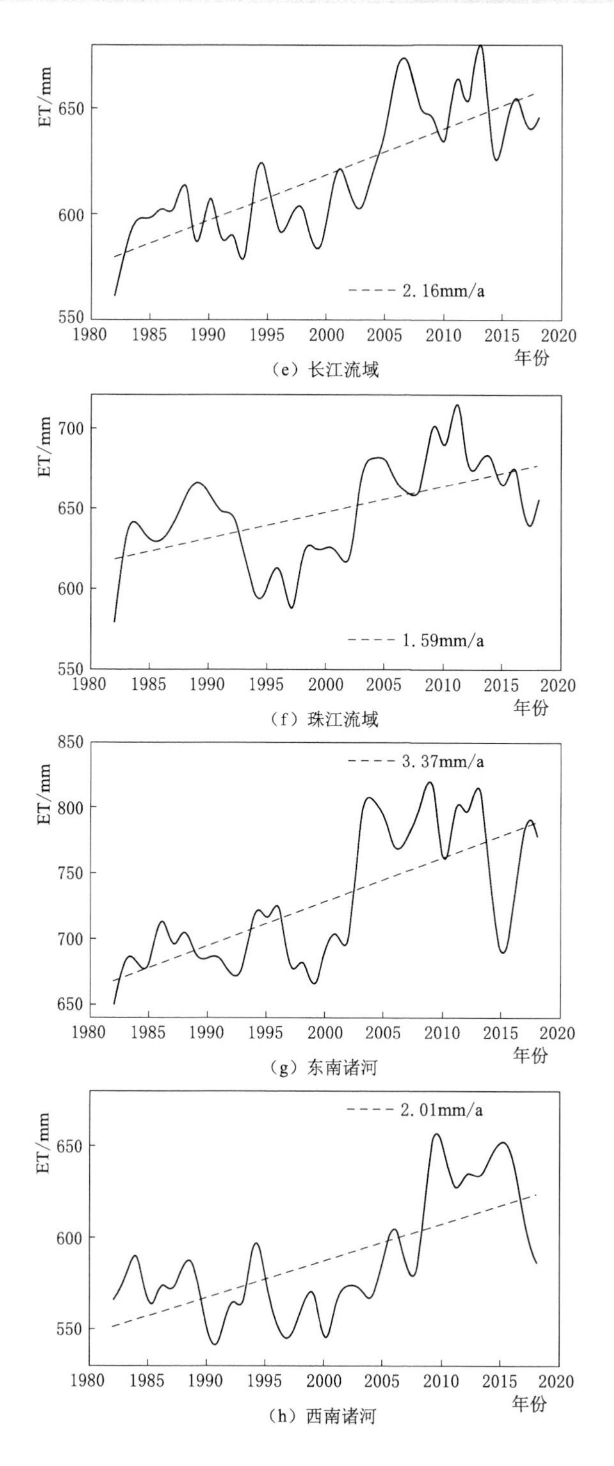

图 6.3（二） 1982—2018 年中国及其九大流域片的 ET 时间变化趋势

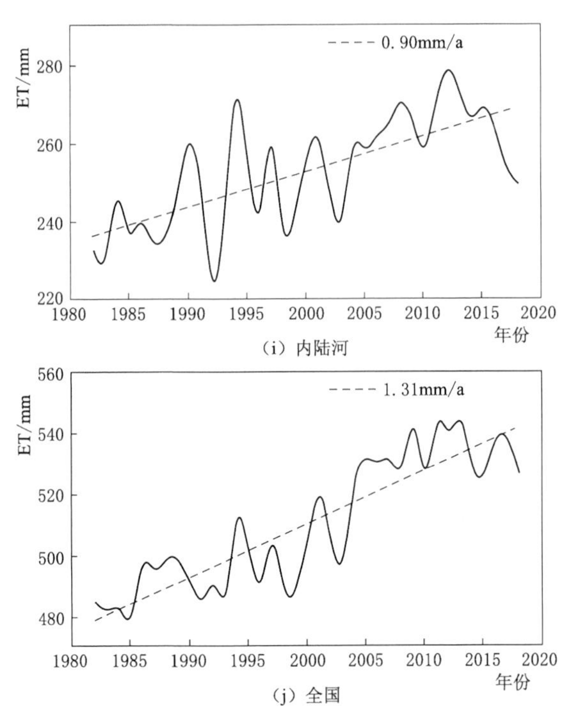

图 6.3（三）　1982—2018 年中国及其九大流域片的 ET 时间变化趋势

（注：＊表示时间变化趋势通过 95%显著性水平，＊＊表示通过 99%显著性水平。）

的增加趋势具有极显著性（$P<0.01$），平均变化速率为 2.16mm/a，ET 在 2013 年达到最大（712.80mm），在 1993 年达到最小（560.72mm）。珠江流域 ET 的增加趋势具有显著性（$P<0.05$），平均变化速率为 1.59mm/a，ET 在 2011 年达到最大（739.31mm），在 1997 年达到最小（566.17mm）。东南诸河 ET 的增加趋势具有极显著性（$P<0.01$），平均变化速率为 3.37mm/a，ET 在 2013 年达到最大（843.22mm），在 1999 年达到最小（650.07mm）。西南诸河 ET 的增加趋势具有显著性（$P<0.05$），平均变化速率为 2.01mm/a，ET 在 2009 年达到最大（668.64mm），在 1990 年达到最小（537.56mm）。内陆河 ET 的增加趋势具有显著性（$P<0.05$），平均变化速率为 0.90mm/a，在 2012 年达到最大（281.47mm），在 1992 年达到最小（215.63mm）。

6.4.2　固定植被物候变化情景下实际蒸散发的空间分析

1982—2018 年固定植被物候变化情景下中国年平均 ET 为 442.43mm，最大值为 1598.65mm，出现在长江流域西南部；最小值为 93.56mm，出现在珠穆朗玛峰一带，与实际情景下实际蒸散发相差较大。松花江和辽河流域年平均 ET 为 445.08mm，沿东南海岸线向西北减少。海河流域年平均 ET 为

428.44mm，沿东南海岸线向西北减少。淮河流域年平均 ET 为 442.77mm，沿东南海岸线向西北减少。黄河流域年平均 ET 为 427.51mm，沿东南海岸线向西北减少。长江流域年平均 ET 为 608.39mm，沿东南海岸线向西北减少。珠江流域年平均 ET 为 644.96mm，沿东南海岸线向西北减少。东南诸河年平均 ET 为 714.37mm，沿东南海岸线向西北减少。西南诸河年平均 ET 为 595.69mm，沿东南海岸线向西北减少。内陆河是中国 ET 最大的流域，年平均 ET 为 259.22mm，变化趋势为从东南海岸线至西北依次递减。

6.4.3 固定土地利用变化情景下实际蒸散发的空间分析

1982—2018 年固定土地利用变化情景下中国年平均 ET 为 441.26mm，最大值为 1550.22mm，出现在长江流域西南部；最小值为 92.52mm，出现在珠穆朗玛峰一带，与实际情景下实际蒸散发相差较小。松花江和辽河流域年平均 ET 为 433.13mm，沿东南海岸线向西北减少。海河流域年平均 ET 为 434.45mm，沿东南海岸线向西北减少。淮河流域年平均 ET 为 451.67mm，沿东南海岸线向西北减少。黄河流域年平均 ET 为 421.63mm，沿东南海岸线向西北减少。长江流域年平均 ET 为 617.51mm，沿东南海岸线向西北减少。珠江流域年平均 ET 为 644.61mm，沿东南海岸线向西北减少。东南诸河年平均 ET 为 718.08mm，沿东南海岸线向西北减少。西南诸河年平均 ET 为 582.24mm，沿东南海岸线向西北减少。内陆河是中国 ET 最高的流域，年平均 ET 为 250.54mm，变化趋势为从东南海岸线至西北依次递减。

6.5 土地利用与植被物候对实际蒸散发的贡献

1982—2018 年植被物候对 ET 的多年平均贡献量 ΔET_{PHEN} 范围为 −4.96～3.64mm，呈东南至西北梯度减少趋势。从流域角度来看，ΔET_{PHEN} 在大多数流域为正值，表示在这些地区植被物候的变化增大了 ET 的变化趋势，而 ΔET_{PHEN} 负值集中在长江流域西部、黄河流域西部、西南诸河北部、内陆河西部地区，在这些地区植被物候的变化减小了 ET 的变化趋势。植被物候变化对 ET 变化趋势的相对贡献率范围为 9.35%～66.97%，在中国整体呈由南至北递减趋势，在珠江流域、东南诸河、长江流域、西南诸河北部及内陆河南部植被物候变化对 ET 变化趋势的相对贡献率较大，其中在长江流域西部植被物候变化对 ET 变化趋势的相对贡献率最大。这主要是由于长江流域、东南诸河及珠江流域主要分布常绿阔叶林，且植被分布广泛，因此植被物候变化对 ET 变化趋势的贡献也相对较为显著；而内陆河分布着大量的裸地及荒漠草地，其植被生理活动较弱，对 ET 变化趋势的贡献也相对微弱。

1982—2018年土地利用变化对ET的多年平均贡献量ΔET_{LUCC}范围为－5.97～8.62mm，无明显的变化趋势。从流域角度来看，ΔET_{LUCC}在大多数流域为正值，表示在这些地区土地利用变化增大了ET的变化趋势，而ΔET_{LUCC}负值集中在长江流域西南部与西南诸河交界处，在这些地区土地利用的变化减小了ET的变化趋势。土地利用变化对ET变化趋势的相对贡献率范围为0.38％～88.90％，其变化趋势与植被物候相反，在珠江流域、东南诸河、长江流域、西南诸河北部及内陆河南部土地利用变化对ET变化趋势的相对贡献率较小，这是因为在中国南部地区水分较为充分，且温度适宜，除人类活动影响外，自然植被的更替较小，从而使得相对贡献率较小。在中国北部地区，内陆河北部地区、海河流域、淮河流域、黄河流域及松花江和辽河流域土地利用变化对ET变化趋势的相对贡献率较大，这是因为在中国北部地区开展了多项大型生态保护工程，例如退耕还林还草、"三北"防护林、黄河中流防护林工程，所以使得主要由人类活动引起的土地利用变化使得土地利用变化对ET变化趋势的相对贡献率较高（图6.4）。

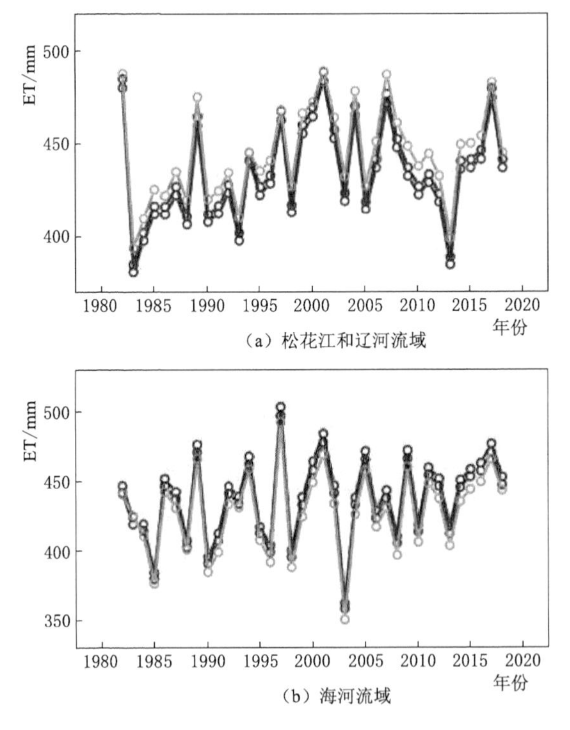

图6.4（一）　1982—2018年中国及其九大流域片两种模拟情景ET_{PHEN}、ET_{LUCC}及真实情景的ET_{ALL}的时间变化趋势

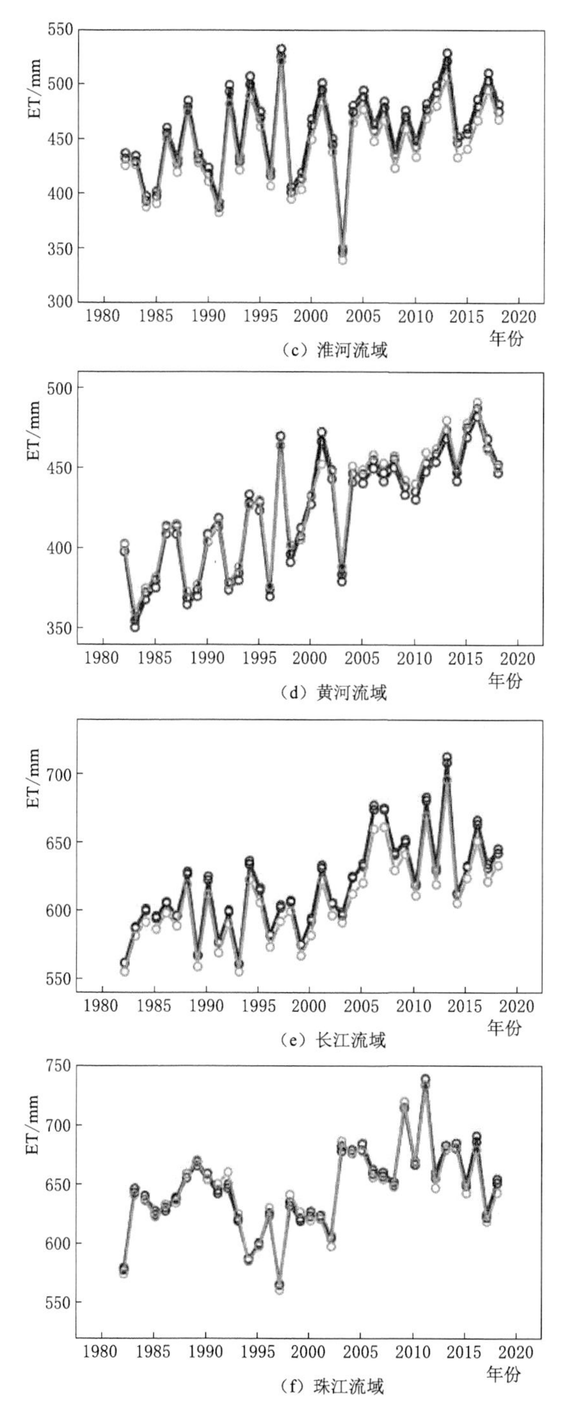

图 6.4（二）　1982—2018 年中国及其九大流域片两种模拟情景 ET_{PHEN}、ET_{LUCC} 及真实情景的 ET_{ALL} 的时间变化趋势

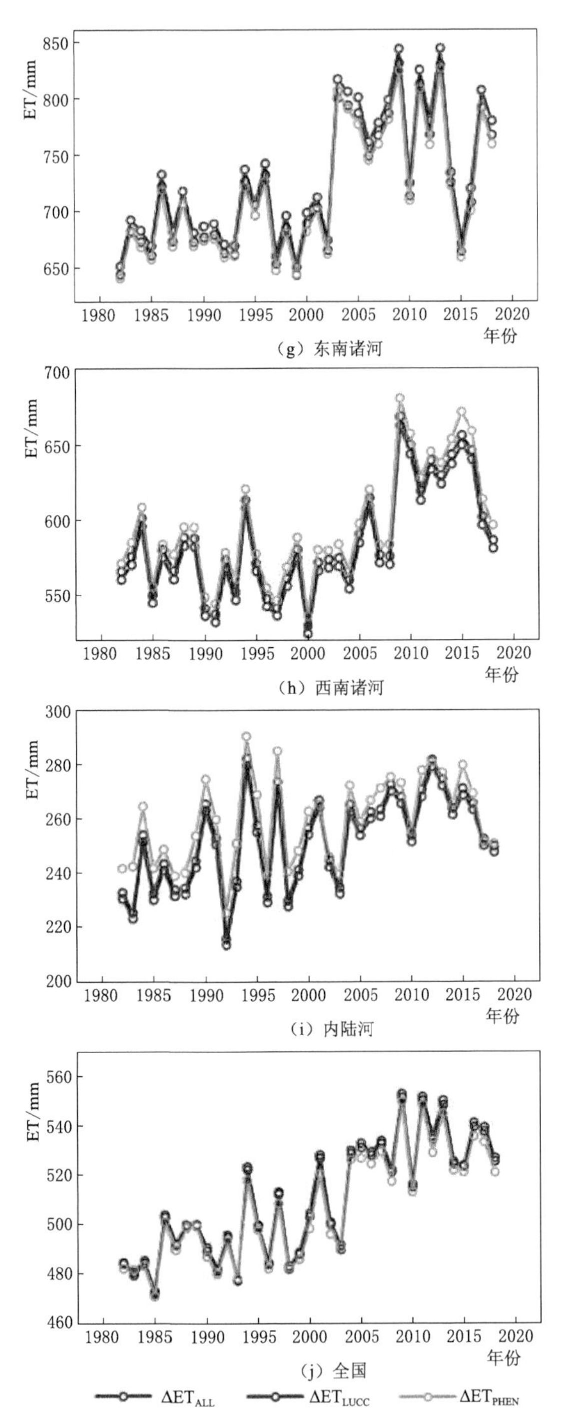

图 6.4（三）　1982—2018 年中国及其九大流域片两种模拟情景 ET_{PHEN}、ET_{LUCC} 及真实情景的 ET_{ALL} 的时间变化趋势

1982—2018 年中国及其九大流域片三种情景 ET 值的时间变化趋势，从全国变化趋势上看，ET_{LUCC}、ET_{PHEN} 略小于 ET_{ALL}，整体变化趋势相似（图 6.5）。从流域角度上看，东南诸河、长江流域、黄河流域、海河流域、淮河流域的 ET_{LUCC} 和 ET_{PHEN} 略微小于 ET_{ALL}。1982—2018 年植被物候与土地利用变化对 ET 变化趋势的平均贡献量和相对贡献率，从整个中国来看，植被物候变化对 ET 变化的相对贡献率为 18%，土地利用变化对 ET 变化趋势的相对贡献率为 82%（图 6.12）。从流域角度上看，植被物候变化对 ET 相对贡献率由大到小分别为：珠江流域（42%）、黄河流域（41%）、淮河流域（32%）、长江流域（31%）、海河流域（30%）、东南诸河（29%）、西南诸河（26%）、内陆河（25%）、松花江和辽河流域（23%）；土地利用变化对 ET 相对贡献率由大到小分别为：松花江和辽河流域（77%）、内陆河（75%）、西南诸河（74%）、东南诸河（71%）、海河流域（70%）、长江流域（69%）、淮河流域（68%）、黄河流域（59%）、珠江流域（58%）。

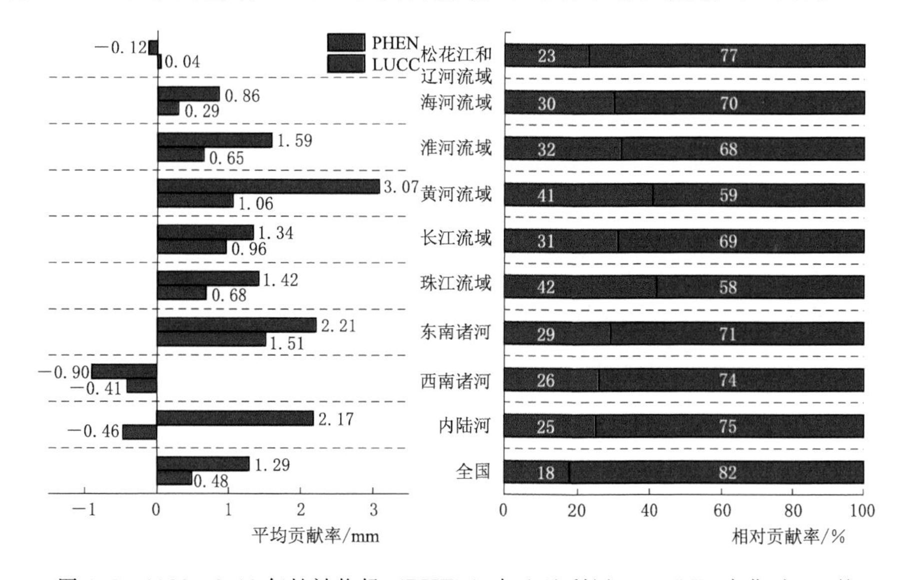

图 6.5 1982—2018 年植被物候（PHEN）与土地利用（LUCC）变化对 ET 的平均贡献量和相对贡献率

6.6 讨论

研究结果表明，1982—2018 年中国年平均 SOS 为第 110.7 天，范围为第 15～166 天，平均变化速率为−0.12d/a；年平均 EOS 为第 304 天，范围为第 212～350 天，平均推迟速率为 0.07d/a；年平均 GSL 为 193.05d，范围为

94～279d，平均变化速率为0.18d/a。该结果与前人研究结果基本一致。许多研究表明，SOS的趋势表现为变得更早，EOS的趋势表现为变得更晚，GSL在中国变得更长[195-198]。变化率的差异可能与遥感数据源、时间尺度和提取物候方法有关[199]。环境因子对植物物候有显著影响，大量的地面和遥感观测数据表明，全球变暖是导致春季物候提前的主要因素，使植被更容易积累热量需求[200-203]。有研究表明，温度非线性影响物候变化[204-205]，春季物候对温度的敏感性随着温度的持续升高而降低[205-206]。此外，水分有效性通过限制植被生长和光合活性而成为植被物候的抑制因子[207-208]。一些研究表明，温度会加剧干旱地区的干旱影响，从而削弱春季物候的推进趋势[198,209]。此外，与春季物候相比，秋季物候随气温升高的变化较弱[210-212]。

利用土地利用信息和植被物候动态信息对PT-JPL模型进行了优化，八个通量站点的验证结果表明，PT-JPL模型在中国的表现良好。1982—2018年中国平均年ET为443.57mm/a，平均变化速率为1.31mm/a。先前有研究表明，MODIS产品和SEBAL模型计算了2001—2018年中国的平均ET值为359.61mm，并指出MODIS产品低估了中国的实际ET[213]。Su et al.[214]汇总了6个再分析ET数据集，得到1980—2015年中国的平均ET在409～679mm/a之间。此外，一些基于遥感数据、遥感ET模型的研究表明，中国通量站点的ET产品在350～700mm之间[215-217]。上述研究结果的差异可能与遥感数据源、时间尺度和模型有关。总体而言，本书模拟的ET值是可靠的。蒸散发对植被物候的季节性响应经常被忽视。春季物候可以在许多方面影响ET：一方面，早期的SOS可以增加叶面积，从而增加冠层截流蒸发和春季蒸腾，从而增加生态系统ET[218]；同时，春季ET的增加会导致更多的土壤水分流失，从而加剧夏季干旱和提前EOS[198,219,220]。另一方面，更早的SOS和更大的叶面积可以通过降低当地温度和地表日照来减少土壤蒸发[201-221]。本书基于PT-JPL模型量化了1982—2018年土地利用变化及物候变化对ET的相对贡献（分别为82%和18%）。

6.7　本章小结

本章提取逐年物候信息，并使用提取的物候信息与土地利用变化数据优化PT-JPL实际蒸散发模型，使该模型具备了物候信息与土地利用变化信息，在与通量站观测数据ET_{OBS}验证后，基于该模型研究了1982—2018年中国ET时空变化；最后，使用情景实验的办法，构建了不携带PHEN参数和不携带LUCC参数的两种情景，在计算相应的实际蒸散发ET_{PHEN}和ET_{LUCC}后，定量计算了植被物候与土地利用变化对实际蒸散发的影响。主要结论如下：

（1）基于4种不同优化方案下的PT-JPL模型分别得到2003—2010年$ET_{original}$、ET_{m1_β}、ET_{TOPT}及ET_{ALL}，在8个通量站处与ET观测值ET_{OBS}对比得到平均RMSE从大到小的顺序为：$ET_{original}$（25.34mm）、ET_{m1_β}（22.02mm）、ET_{TOPT}（24.99mm）、ET_{ALL}（21.93mm）；平均R^2从大到小的顺序为$ET_{original}$（0.7673）、ET_{m1_β}（0.7682）、ET_{TOPT}（0.7746）、ET_{ALL}（0.7767）；平均PBIAS从大到小的顺序为：$ET_{original}$（13.32%）、ET_{m1_β}（13.18%）、ET_{TOPT}（12.98%）、ET_{ALL}（12.97%），整体表明ET_{ALL}的模拟精度较好。

（2）从时间上看，1982—2018年中国ET呈极显著（$P<0.01$）增加趋势，平均变化速率为1.31mm/a，九大流域片ET均呈增加趋势，平均变化速率从大到小分别为：东南诸河（3.37mm/a）、黄河流域（2.70mm/a）、长江流域（2.16mm/a）、西南诸河（2.01mm/a）、淮河流域（1.62mm/a）、珠江流域（1.59mm/a）、内陆河（0.90mm/a）、海河流域（0.76mm/a）、松花江和辽河流域（0.64mm/a）；中国SOS具有显著的提前趋势（$P<0.05$），平均变化速率为−0.12d/a，EOS平均推迟速率为0.07d/a，GSL具有显著的延长趋势（$P<0.05$），平均变化速率为0.18d/a。

（3）1982—2018年整体来看土地利用变化对ET的贡献大于植被物候，平均贡献率分别为82%和18%，从流域角度看植被物候变化的贡献率由大到小分别为：珠江流域（42%）、黄河流域（41%）、淮河流域（32%）、长江流域（31%）、海河流域（30%）、东南诸河（29%）、西南诸河（26%）、内陆河（25%）、松花江和辽河流域（23%）；土地利用变化的贡献率由大到小分别为：松花江和辽河流域（77%）、内陆河（75%）、西南诸河（74%）、东南诸河（71%）、海河流域（70%）、长江流域（69%）、淮河流域（68%）、黄河流域（59%）、珠江流域（58%）。

第7章 多情景蒸散发条件下的水分利用效率

植被的水分利用效率（WUE）是指植物在生长过程中利用水资源的效率，该指标将水循环和碳循环紧密结合在一起，既是衡量生态水文系统碳-水耦合关系的重要指标，也是衡量生态系统对于气候变化敏感性的指标。随着全球气候变化加剧，植被发生大规模动态变化，给水资源造成巨大压力，研究 WUE 对于理解植被物候与土地利用变化对水循环的影响具有重要意义，本章在得到三种情景下的蒸散发后，计算得到对应情景下的 WUE，用以定量研究植被物候（PHEN）及土地利用（LUCC）两种植被动态变化对 WUE 的影响。

7.1 GPP 时空变化规律

7.1.1 GPP 的空间分析

7.1.1.1 GPP 的空间分布趋势

1982—2018 年中国年平均 GPP 为 859.76gC/m^2，最大值为 3883.56gC/m^2，出现在东南部台湾地区以及西南部云南省；最小值为 0.005gC/m^2，出现在新疆塔里木地区，该地区以荒漠草原及裸地为主，整体沿东南诸河海岸线至内陆河梯度减少。

（1）松花江和辽河流域处于温带，GPP 空间分布趋势与 NDVI 空间分布类似，由南部、东北地区向内陆地区递减，年平均 GPP 为 1059.67gC/m^2，范围为 76.23～1880.80gC/m^2，GPP 最小值出现在内蒙古赤峰—通辽市一带，最大值出现在辽宁丹东沿海地区。

（2）海河流域处于温带，年平均 GPP 无明显空间分布特征，年平均 GPP 为 891.13gC/m^2，范围为 7.89～1640.59gC/m^2，GPP 最小值出现在山西西北部地区，最大值出现河北东北部承德地区。

（3）淮河流域年平均GPP无明显空间分布特征，年平均GPP为1211.78gC/m^2，范围为18.17～2170.62gC/m^2。

（4）黄河流域气候条件十分复杂，植被类型也十分复杂，整体上流域内GPP呈现自黄河流域南部向黄土高原减少的分布特征，黄河流域的年平均GPP为641.96gC/m^2，范围为28.84～1909.82gC/m^2，GPP最小值出现在黄土高原地区及黄河源区。

（5）长江流域上游为高原气候中下游为亚热带季风气候，水汽充足，因此流域植被密集，年平均GPP为1466.47gC/m^2，范围为0.005～3249.65gC/m^2，GPP最小值出现在海拔较高、温度较低的长江流域上游源区，该地区处于青藏高原，主要分布着高寒植被；GPP最大值出现在长江流域西南部的四川省二滩一带，整体呈现自长江流域下游向上游递减的趋势。

（6）珠江流域位于中国最南部，地处亚热带季风气候区，南部沿海，水汽十分充足，因此植被十分茂密，流域整体GPP水平较高，无明显的空间分布特征，年平均GPP为2166.24gC/m^2，范围为36.96～3442.39gC/m^2，GPP最小值出现在珠江三角洲地区，最大值出现在海南岛。

（7）东南诸河为亚热带季风气候，东南沿海，是中国GPP平均水平最高的流域，年平均GPP为2294.63gC/m^2，范围为1.37～3680.37gC/m^2，GPP最小值出现在福建省南平地区，最大值出现在台湾岛，空间上呈现出由东南向西北减少的趋势。

（8）西南诸河GPP范围为0.002～3883.56gC/m^2，由于西北部地区为高原气候，位于珠穆朗玛峰一带，植被以高原植被为主，且温度较低限制了此地区植被生理活性，流域东南地区为亚热带季风气候，温度较高且水汽较为充足，因此流域内GPP呈东南高西北低的空间分布特征，流域年平均GPP为1136.21gC/m^2。

（9）内陆河地处内陆地区水汽较少，以荒漠草原和荒漠为主，因此为中国GPP水平最低的地区，年平均GPP为146.85gC/m^2，范围为0.001～1553.66gC/m^2。

7.1.1.2 GPP的空间像元变化

1982—2018年中国GPP逐像元变化速率范围是－50.65～58.84gC/m^2。从空间上看，中国69%的地区GPP呈增加的变化趋势，31%的地区GPP呈减少的变化趋势，其中减少地区主要集中在中国东北部松花江和辽河流域及东南部沿海地区，此外中国41%的地区GPP的增加趋势具有显著性，6%的地区的减少具有显著性（表7.1）。

表7.1　1982—2018年中国九大流域片GPP空间变化趋势像元统计结果

区　　域	增加像元占比	减少像元占比	显著增加像元占比	显著减少像元占比
松花江和辽河流域	61%	39%	24%	8%
海河流域	82%	18%	59%	5%
淮河流域	83%	17%	63%	6%
黄河流域	94%	6%	79%	2%
长江流域	76%	24%	44%	6%
珠江流域	59%	41%	35%	16%
东南诸河	34%	66%	15%	29%
西南诸河	80%	20%	45%	5%
内陆河	61%	39%	36%	3%
全国	69%	31%	41%	6%

（1）松花江和辽河流域GPP的变化速率范围是−18.46～24.42gC/(m^2·a)，其中流域61%的像元呈增加趋势，39%的像元呈减少趋势，减少地区主要集中在松花江和辽河流域西北地区；流域24%的地区GPP的增加具有显著性，主要分布在松花江和辽河流域南部地区，8%的地区GPP的减少具有显著性。

（2）海河流域GPP的变化速率范围为−17.28～21.68gC/(m^2·a)，其中流域82%的像元呈增加趋势，18%的像元呈减少趋势，减少地区主要集中在天津地区；流域59%的地区GPP的增加具有显著性，主要分布在海河流域南部，5%的地区GPP的减少具有显著性。

（3）淮河流域GPP的变化速率范围为−23.41～38.02gC/(m^2·a)，变化速率最大地区处于淮河流域西部地区；其中流域83%的像元呈增加趋势，流域63%的地区GPP的增加具有显著性。

（4）黄河流域GPP的变化速率范围为−24.19～28.66gC/(m^2·a)，在黄河流域南部地区增加趋势达到最大；流域94%的像元呈增加趋势，流域79%的地区GPP的增加具有显著性。

（5）长江流域GPP的变化速率范围为−50.63～41.75gC/(m^2·a)，流域76%的像元呈增加趋势，24%的像元呈减少趋势；流域44%的地区GPP的增加具有显著性，主要分布长江流域源区；6%的地区GPP的减少具有显著性。

（6）珠江流域GPP的变化速率范围为−50.66～58.85gC/(m^2·a)，在珠江三角洲地区GPP的变化速率达到最大；流域59%的像元呈增加趋势，41%的像元呈减少趋势；流域35%的地区GPP的增加具有显著性，16%的地区GPP的减少具有显著性。

（7）东南诸河 GPP 的变化速率范围为−47.82～39.97gC/(m^2·a)，流域 34%的像元呈增加趋势，66%的像元呈减少趋势；流域 15%的地区 GPP 的增加具有显著性，29%的地区 GPP 的减少具有显著性。

（8）西南诸河 GPP 的变化速率范围为−27.98～38.21gC/(m^2·a)，流域 80%的像元呈增加趋势，20%的像元呈减少趋势；流域 45%的地区 GPP 的增加具有显著性，5%的地区 GPP 的减少具有显著性。

（9）内陆河 GPP 的变化速率范围为−15.17～39.43gC/(m^2·a)，流域 61%的像元呈增加趋势，39%的像元呈减少趋势；流域 36%的地区 GPP 的增加具有显著性，3%的地区 GPP 的减少具有显著性。

7.1.2 GPP 的时间分析

从时间趋势上看（图 7.1），1982—2018 年中国的 GPP 有极显著增加趋势（$P<0.01$），在 2017 年达到最大值 940.11gC/m^2，1982 年出现最小值 774.60gC/m^2，平均变化速率为 2.773gC/(m^2·a)。从流域角度来看，中国九大流域片的 GPP 均呈增加趋势，平均变化速率从大到小分别为黄河流域、淮河流域、海河流域、长江流域、西南诸河、珠江流域、内陆河、松花江和辽河流域、东南诸河。

（1）松花江和辽河流域 GPP 具有轻微增加趋势（$P>0.05$），在 2018 年达到最大值 1136.09gC/m^2，2007 年出现最小值 994.15gC/m^2，平均变化速率为 0.752gC/(m^2·a)。

（2）海河流域的 GPP 具有极显著增加趋势（$P<0.01$），在 2016 年达到最大值 1016.27gC/m^2，1983 年出现最小值 710.71gC/m^2，平均变化速率为 4.817gC/(m^2·a)。

（3）淮河流域 GPP 具有显著增加趋势（$P<0.05$），在 2017 年达到最大值 1340.37gC/m^2，1982 年出现最小值 988.68gC/m^2，平均变化速率为 6.121gC/(m^2·a)。

（4）黄河流域 GPP 具有极显著增加趋势（$P<0.01$），在 2018 年达到最大值 829.76gC/m^2，1982 年出现最小值 454.52gC/m^2，平均变化速率为 7.471gC/(m^2·a)。

（5）长江流域 GPP 具有显著增加趋势（$P<0.05$），在 2017 年达到最大值 1620.63gC/m^2，1992 年出现最小值 1319.84gC/m^2，平均变化速率为 4.322gC/(m^2·a)。

（6）珠江流域 GPP 呈轻微增加趋势（$P>0.05$），在 2017 年达到最大值 2404.49gC/m^2，1992 年出现最小值 2000.26gC/m^2，平均变化速率为 1.895gC/(m^2·a)。

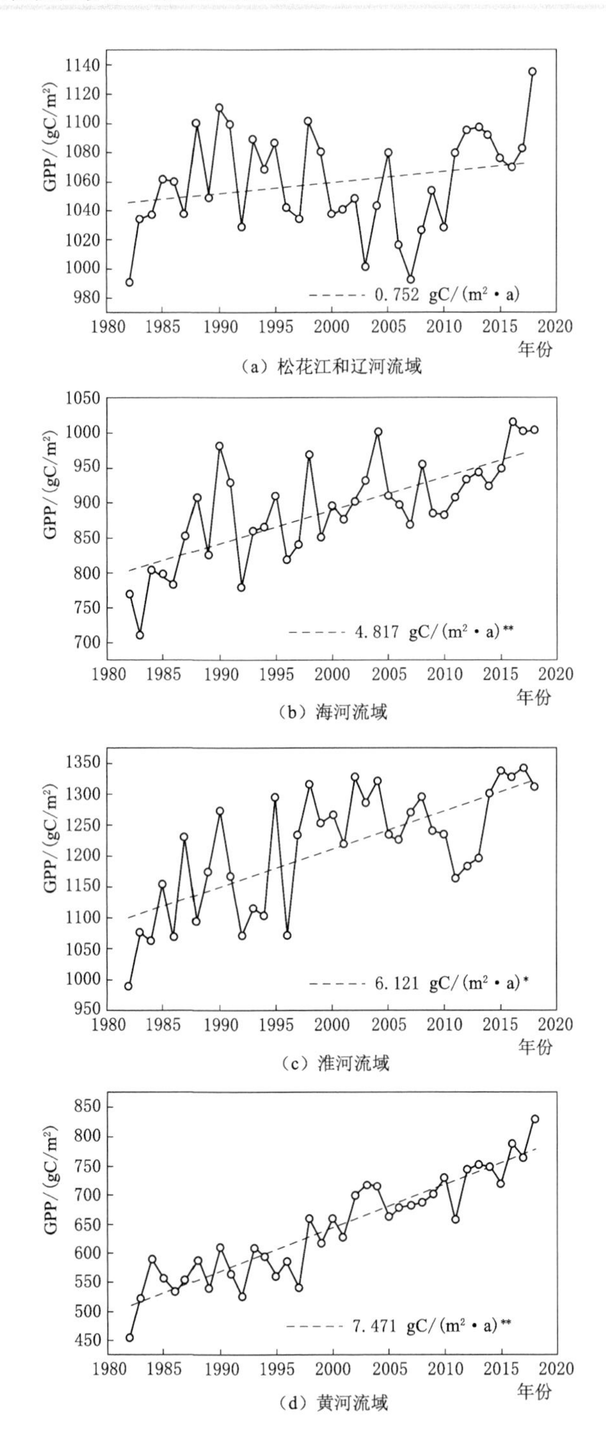

图7.1(一) 1982—2018年中国及其九大流域片GPP的时间变化趋势

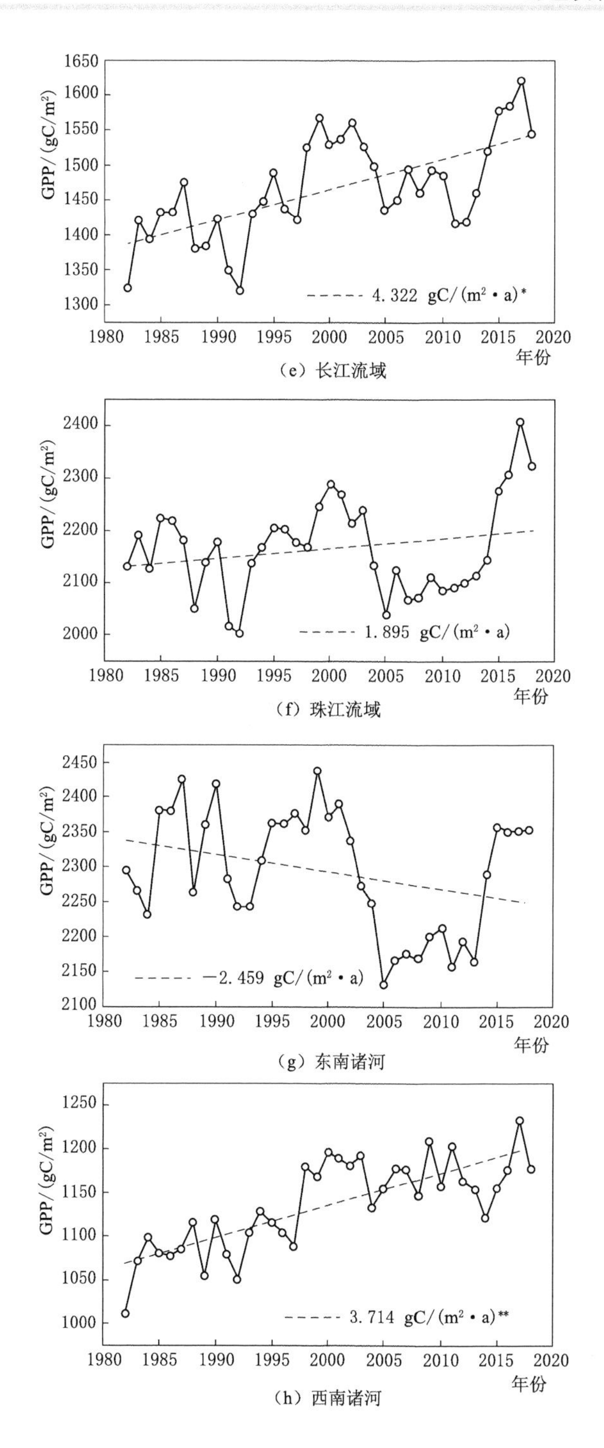

图 7.1（二） 1982—2018 年中国及其九大流域片 GPP 的时间变化趋势

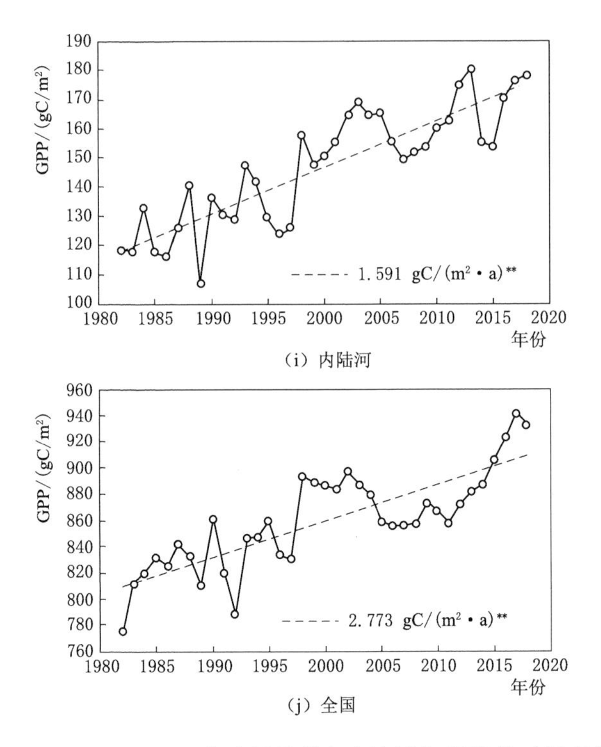

图 7.1（三） 1982—2018 年中国及其九大流域片 GPP 的时间变化趋势

（注：*表示时间变化趋势通过 95%显著性水平，**表示通过 99%显著性水平。）

(7) 东南诸河 GPP 呈轻微减少趋势（$P>0.05$），在 1999 年达到最大值 2439.28gC/m^2，2005 年出现最小值 2133.73gC/m^2，平均变化速率为 −2.459gC/(m^2·a)。

(8) 西南诸河 GPP 具有极显著增加趋势（$P<0.01$），在 2017 年达到最大值 1233.09gC/m^2，1982 年出现最小值 1011.51gC/m^2，平均变化速率为 3.714gC/(m^2·a)。

(9) 内陆河 GPP 具有极显著增加趋势（$P<0.01$），在 2013 年达到最大值 180.47gC/m^2，1989 年出现最小值 107.14gC/m^2，平均变化速率为 1.591gC/(m^2·a)。

7.2 多情景蒸散发条件下水分利用效率时空变化规律

基于优化 PT - JPL 模型得到的三种情景蒸散发，计算各情景对应的 WUE（表 7.2）。

表 7.2　　基于优化 PT-JPL 模型的三种情景设计详细信息

序号	情 景 名 称	符号	实现方法
1	实际情景	WUE_{ALL}	GPP/ET_{ALL}
2	静态植被物候变化情景	WUE_{PHEN}	GPP/ET_{PHEN}
3	静态土地利用变化情景	WUE_{LUCC}	GPP/ET_{LUCC}

7.2.1 实际情景下 WUE 时空变化规律

7.2.1.1 实际情景下 WUE 的空间分析

1982—2018 年中国年平均 WUE 为 2.04gC/kg，最大值为 14.41gC/kg，出现在中国东南部台湾地区以及南部海南地区；最小值为 0.01gC/kg，出现在新疆地区，该地区以荒漠草原及裸地为主，整体沿东南至西北梯度减少。

（1）松花江和辽河流域处于温带，由南部、东北地区向内陆地区递减，年平均 WUE 为 2.90gC/kg，范围为 0.19～6.69gC/kg，WUE 最小值出现在内蒙古赤峰—通辽市一带，最大值出现在辽宁丹东沿海地区。

（2）海河流域处于温带，年平均 WUE 呈现由东部向西部内陆增加的空间分布，年平均 WUE 为 1.72gC/kg，范围为 0.16～3.42gC/kg，WUE 最小值出现在天津地区，最大值出现河北西北部张家口地区。

（3）淮河流域年平均 WUE 呈现由南向东北减少的空间分布，年平均 WUE 为 2.75gC/kg，范围为 0.08～6.06gC/kg，WUE 最小值出现在山东淄博地区，最大值出现在江苏泰州—盐城一带。

（4）黄河流域气候条件十分复杂，植被类型也十分复杂，整体流域内 WUE 呈现出自黄河流域南部向黄土高原及黄河源区减少的分布特征，黄河流域的年平均 WUE 为 1.33gC/kg，范围为 0.07～5.89gC/kg，WUE 最小值出现在黄土高原地区，最大值出现在黄河流域南部陕西西安地区。

（5）长江流域上游为高原气候中下游为亚热带季风气候，年平均 WUE 为 3.65gC/kg，范围为 0.01～12.76gC/kg，WUE 最小值出现在海拔较高、温度较低的长江流域上游源区，最大值出现在长江流域中部岷江一带，整体呈现自长江流域下游向上游递减的趋势。

（6）珠江流域位于中国最南部，地处亚热带季风气候区，南部沿海，水汽十分充足，因此珠江流域 WUE 水平较高，年平均 WUE 为 5.04gC/kg，范围为 0.11～12.31gC/kg，WUE 最小值出现在广东省珠江三角洲地区，最大值出现在海南岛。

（7）东南诸河为亚热带季风气候，东南沿海，是中国 WUE 最高的流域，年平均 WUE 为 5.71gC/kg，范围为 0.004～14.41gC/kg，WUE 最小值出现在东南诸河北部，最大值出现在中国台湾，流域整体 WUE 水平较高，空间上呈现出由东南向西北减少的趋势。

（8）西南诸河 WUE 范围为 0.001～14.15gC/kg，西北部地区为高原气候，位于珠穆朗玛峰一带，海拔较高温度较低，植被活性较低，且该地区水汽较少，因此 WUE 较低；东南地区温度较高且水汽较为充足，植被活性较高，因此流域内 WUE 呈东南高西北低的空间分布特征，流域年平均 WUE 为 2.36gC/kg。

（9）内陆河地处内陆地区，水汽较少，以荒漠草原以及荒漠为主，是中国 WUE 水平最低的地区，年平均 WUE 为 0.33gC/kg，范围为 0.001～3.77gC/kg。

1982—2018 年中国 WUE 逐像元变化速率范围为－0.295～0.155gC/(kg·a)。从空间上看，中国 55%的地区 WUE 呈增加的变化趋势，45%的地区 WUE 呈减少的变化趋势，其中减少地区主要集中在内陆河、松花江和辽河流域、长江流域、东南诸河以及淮河流域，此外中国 25%的地区 WUE 的增加趋势具有显著性（表 7.3）。

表 7.3　1982—2018 年中国九大流域片 WUE 空间变化趋势像元统计结果　　%

区　　域	增加像元占比	减少像元占比	显著增加像元占比	显著减少像元占比
松花江和辽河流域	42	58	9	21
海河流域	74	26	42	7
淮河流域	59	41	23	12
黄河流域	80	20	56	6
长江流域	39	61	15	21
珠江流域	31	69	5	25
东南诸河	2	98	0	74
西南诸河	59	41	27	14
内陆河	66	34	30	6
全国	55	45	25	14

（1）松花江和辽河流域 WUE 的变化速率范围为－0.061～0.061gC/(kg·a)，其中流域 42%的像元呈增加趋势，58%的像元呈减少趋势，减少的地区集中在大兴安岭西侧，主要分布在大兴安岭地区，21%的地区 WUE 减少具有显著性。

（2）海河流域 WUE 的变化速率范围为－0.037～0.049gC/(kg·a)，变化速率最大值出现在流域南部的山东聊城—滨州地区，最小值出现在天津市，其中流域 74%的像元呈增加趋势，26%的像元呈减少趋势，流域 42%的地区

WUE 的增加具有显著性，主要分布在山东省与河北省交界地区。

(3) 淮河流域 WUE 的变化速率范围为－0.113～0.078gC/(kg・a)，变化速率最大值出现在周口—宿迁地区，其中流域 59%的像元呈增加趋势，主要分布在淮河流域东部，41%的像元呈减少趋势，流域 23%的地区 WUE 的增加具有显著性。

(4) 黄河流域 WUE 的变化速率范围为－0.068～0.052gC/(kg・a)，在黄河流域上游的玛曲地区达到最大，在陕西省西安市达到最小，流域 80%的像元呈增加趋势，20%的像元呈减少趋势，流域 56%的地区 WUE 的增加具有显著性，主要分布在黄河流域中部地区。

(5) 长江流域 WUE 的变化速率范围为－0.295～0.155gC/(kg・a)，在长江流域西北地区 WUE 的增加趋势达到最大，流域 39%的像元呈增加趋势，61%的像元呈减少趋势，主要分布在长江中部及东部地区。

(6) 珠江流域 WUE 的变化速率范围为－0.127～0.117gC/(kg・a)，在流域西北玉溪—昆明地区 WUE 的变化速率达到最大，流域 31%的像元呈增加趋势，69%的像元呈减少趋势，25%的地区 WUE 的减少具有显著性，主要分布在广州市珠江三角洲地区。

(7) 东南诸河 WUE 的变化速率范围为－0.269～0.075gC/(kg・a)，在台湾岛 WUE 的减少速率达到最大，98%的像元呈减少趋势，74%的地区 WUE 的减少具有显著性。

(8) 西南诸河 WUE 的变化速率范围为－0.254～0.119gC/(kg・a)，在珠穆朗玛峰一带 WUE 的变化速率最小，流域 59%的像元呈增加趋势，41%的像元呈减少趋势，流域 27%的地区 WUE 的增加具有显著性。

(9) 内陆河 WUE 的变化速率范围为－0.061～0.093gC/(kg・a)，在新疆博乐—石河子—乌鲁木齐一带达到最大变化速率，流域 66%的像元呈增加趋势，33%的像元呈减少趋势，流域 30%的地区 WUE 的增加具有显著性，6%的地区 WUE 的减少具有显著性。

7.2.1.2 实际情景下 WUE 的时间分析

从时间趋势上看（图 7.2），1982—2018 年中国 WUE 呈轻微减少趋势（$P>0.05$），在 1999 年达到最大值 2.24gC/kg，2011 年出现最小值 1.83gC/kg，平均变化速率为-1.93×10^{-3}gC/(kg・a)。从流域角度来看，平均变化速率从大到小分别为黄河流域、海河流域、淮河流域、内陆河、珠江流域、东南诸河、西南诸河、松花江和辽河流域、长江流域。

(1) 松花江和辽河流域的 WUE 具有轻微减少趋势（$P>0.05$），在 2018 年达到最大值 1136.09gC/kg，2007 年出现最小值 2.38gC/kg，平均变化速率为-3.17×10^{-3}gC/(kg・a)。

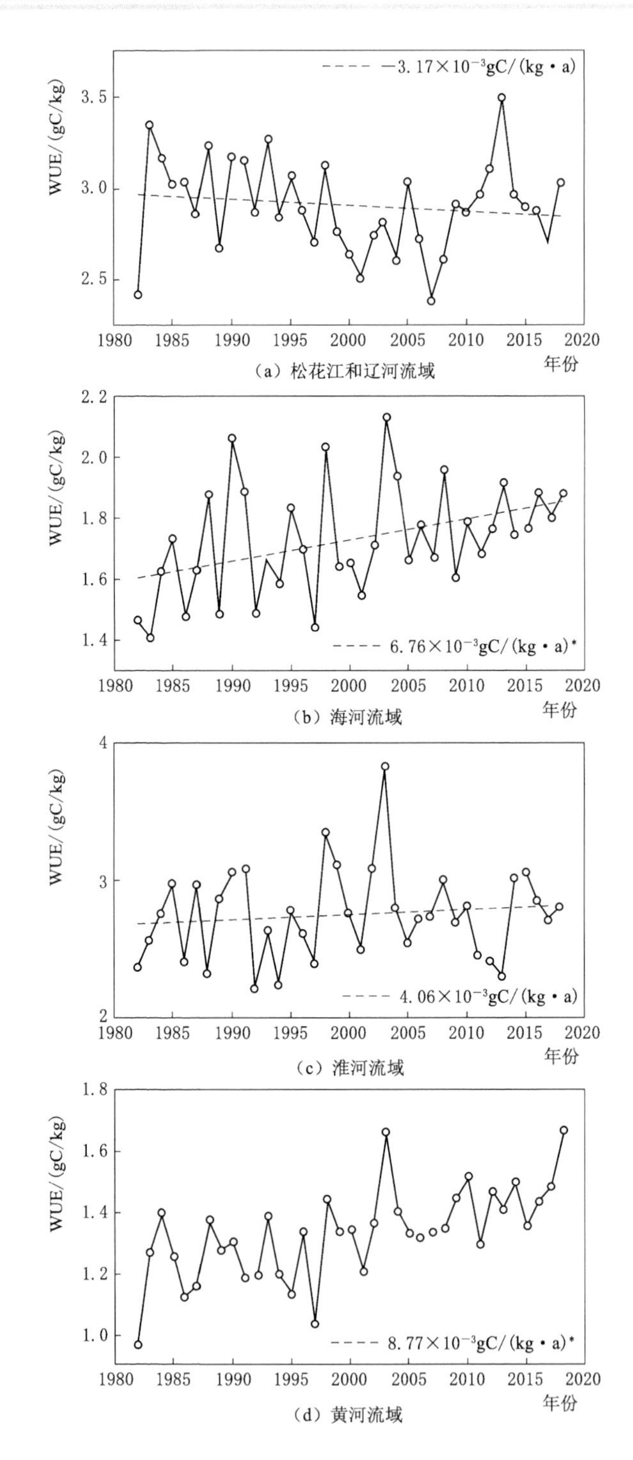

图 7.2(一) 1982—2018 年中国及其九大流域片 WUE 的时间变化趋势

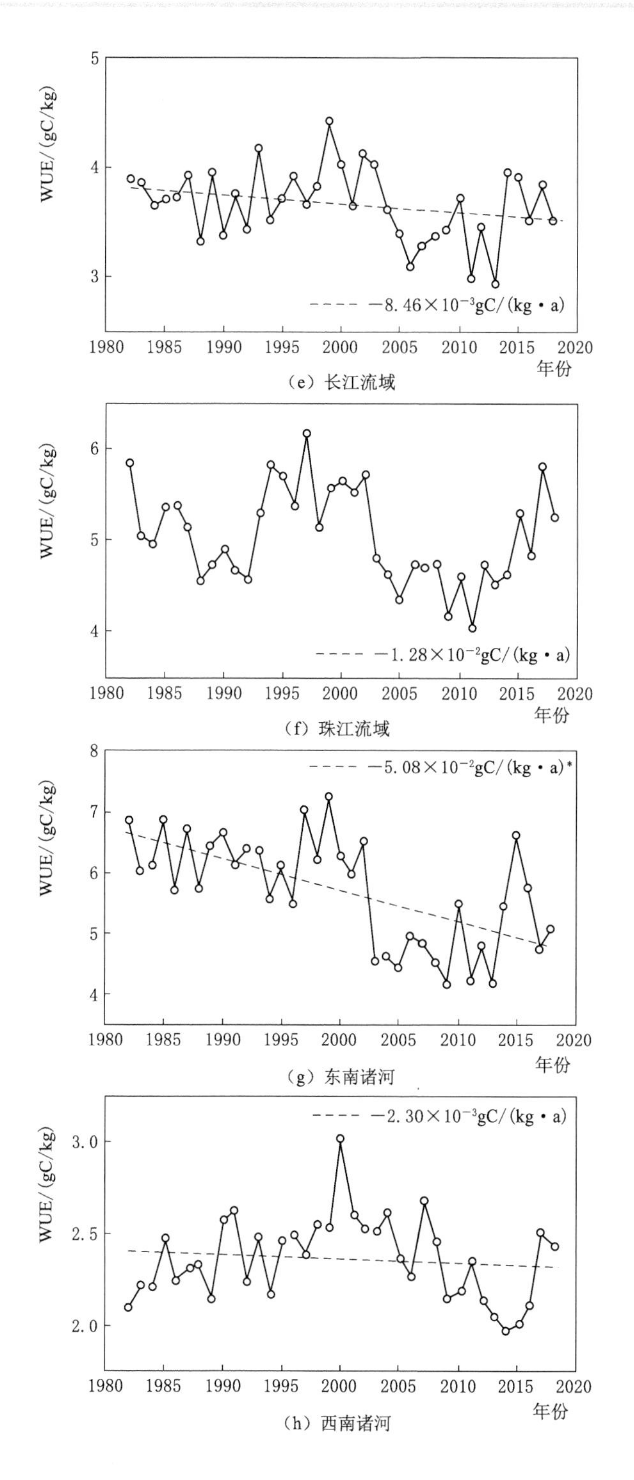

图 7.2(二) 1982—2018 年中国及其九大流域片 WUE 的时间变化趋势

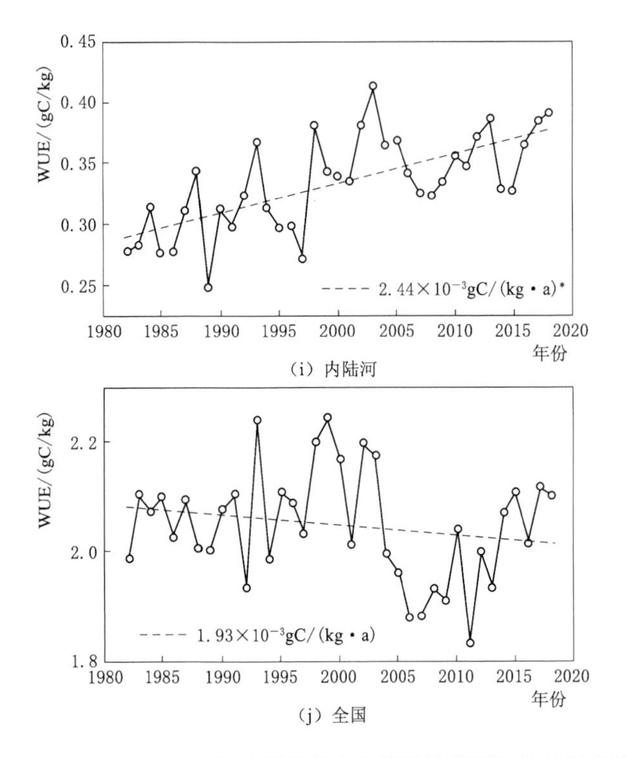

(i) 内陆河

(j) 全国

图 7.2（三） 1982—2018 年中国及其九大流域片 WUE 的时间变化趋势

（注：*表示时间变化趋势通过 95%显著性水平，**表示通过 99%显著性水平。）

（2）海河流域的 WUE 具有显著增加趋势（$P<0.05$），在 2003 年达到最大值 2.12gC/kg，1983 年出现最小值 1.41gC/kg，平均变化速率为 6.76×10^{-3}gC/(kg·a)。

（3）淮河流域的 WUE 呈轻微增加趋势（$P>0.05$），在 2003 年达到最大值 3.84gC/kg，1992 年出现最小值 2.21gC/kg，平均变化速率为 4.06×10^{-3}gC/(kg·a)。

（4）黄河流域的 WUE 具有显著增加趋势（$P<0.05$），在 2018 年达到最大值 1.67gC/kg，1982 年出现最小值 0.97gC/kg，平均变化速率为 8.77×10^{-3}gC/(kg·a)。

（5）长江流域的 WUE 呈轻微减少趋势（$P>0.05$），在 1999 年达到最大值 4.41gC/kg，2013 年出现最小值 2.88gC/kg，平均变化速率为 -8.46×10^{-3}gC/(kg·a)。

（6）珠江流域的 WUE 呈轻微减少趋势（$P>0.05$），在 1997 年达到最大值 6.15gC/kg，2011 年出现最小值 3.99gC/kg，平均变化速率为 -1.28×10^{-2}gC/(kg·a)。

(7) 东南诸河的 WUE 呈显著减少趋势 ($P<0.05$),在 1999 年达到最大值 7.31gC/kg,2013 年出现最小值 4.17gC/kg,平均变化速率为 -5.08×10^{-2}gC/(kg·a)。

(8) 西南诸河的 WUE 呈轻微增加趋势 ($P>0.05$),在 2000 年达到最大值 3.02gC/kg,2014 年出现最小值 1.95gC/kg,平均变化速率为 -2.30×10^{-3}gC/(kg·a)。

(9) 内陆河的 WUE 具有显著增加趋势 ($P<0.05$),在 2003 年达到最大值 0.41gC/kg,1989 年出现最小值 0.25gC/kg,平均变化速率为 2.44×10^{-3}gC/(kg·a)。

7.2.2 固定植被物候变化情景下 WUE 的空间分析

1982—2018 年固定植被物候变化情景下年平均 WUE 为 2.02gC/kg,最大为 14.40gC/kg,出现在西南诸河,整体呈现东南高西北低的空间分布特征。松花江和辽河流域年平均 WUE 为 2.87gC/kg,呈现东北至西南梯度减小的趋势。海河流域年平均 WUE 为 1.77gC/kg,淮河流域年平均 WUE 为 2.84gC/kg,无明显的变化趋势。黄河流域年平均 WUE 为 1.34gC/kg,呈现南高北低的分布特征。长江流域年平均 WUE 为 3.80gC/kg,呈现中部高四周低的空间分布特征。珠江流域年平均 WUE 为 5.11gC/kg,东南诸河年平均 WUE 为 5.90gC/kg,无明显的空间分布特征,整体 WUE 水平较高。西南诸河年平均 WUE 为 2.31gC/kg,呈现东南高西南低的空间分布特征。内陆河年平均 WUE 为 0.33gC/kg,整体水平较低且无明显空间分布特征。

7.2.3 固定土地利用变化情景下 WUE 的空间分析

1982—2018 年固定土地利用变化情景下中国年平均 WUE 为 2.04gC/kg,最大为 17.70gC/kg,出现在长江流域西南部,整体呈现东南高西北低的空间分布特征。松花江和辽河流域年平均 WUE 为 2.90gC/kg,呈现东北至西南梯度减小的趋势。海河流域年平均 WUE 为 1.73gC/kg,呈现中部高其余地区小的空间分布特征。淮河流域年平均 WUE 为 2.76gC/kg,呈现南高北低的空间分布特征。黄河流域年平均 WUE 为 1.33gC/kg,呈现南高北低的分布特征。长江流域年平均 WUE 为 3.67gC/kg,呈现中部高四周低的空间分布特征。珠江流域年平均 WUE 为 5.09gC/kg,东南诸河年平均 WUE 为 5.75gC/kg,整体水平较高且无明显空间分布特征。西南诸河年平均 WUE 为 2.35gC/kg,呈现东南高西北低的空间分布特征。内陆河年平均 WUE 为 0.33gC/kg,整体水平较低且无明显的空间分布特征。

7.3 土地利用与植被物候对 WUE 的贡献

1982—2018 年植被物候对 WUE 的多年平均贡献量 ΔWUE_{PHEN} 范围为 −0.057～0.031gC/kg。从流域角度来看，ΔWUE_{PHEN} 在大多数流域为正值，表示在这些地区植被物候的变化增大了 WUE 的变化趋势，而 ΔWUE_{PHEN} 负值集中在长江流域中部、东南诸河及珠江流域东部地区，在这些地区植被物候的变化减小了 WUE 的变化趋势。植被物候变化对 WUE 变化趋势的相对贡献率范围为 23.5%～76.5%，在中国南方的珠江流域、东南诸河、长江流域、西南诸河北部及黄河流域源区，植被物候变化对 WUE 变化趋势的相对贡献率较大，这主要是由于中国南部长江流域、东南诸河及珠江流域广泛分布着常绿阔叶林，因此植被物候的变化对 WUE 变化趋势的贡献也相对较为显著，与此同时 CO_2 的施肥作用也使得 WUE 增加。

1982—2018 年土地利用变化对 WUE 的多年平均贡献量 ΔWUE_{LUCC} 范围为 −0.038～0.054gC/kg，无明显的变化趋势。从流域角度来看，ΔWUE_{LUCC} 在大多数流域为负值，表示在这些地区土地利用变化有减少 WUE 变化的趋势，而 ΔWUE_{LUCC} 正值集中在西南诸河与长江流域交界处，在这些地区土地利用的变化增加了 WUE 变化的趋势。土地利用变化对 WUE 变化趋势的相对贡献率范围为 23.2%～76.5%，其变化趋势与植被物候相反，在珠江流域、东南诸河、长江流域、西南诸河北部土地利用变化对 WUE 变化趋势的相对贡献率较小，在内陆河、黄河流域、淮河流域、海河流域及松花江和辽河流域土地利用变化对 WUE 变化的相对贡献率较大，这是因为在中国南部地区植被茂密，人类活动干预较少，从而使得相对贡献率较小；而在中国北部地区土地利用变化较大，这是因为在中国在北部地区开展了多项大型生态保护工程，例如退耕还林还草、“三北”防护林、黄河中流防护林工程，使得主要由人类活动引起的土地利用变化使得土地利用变化对 WUE 变化趋势的相对贡献率较高。

1982—2018 年，从整个中国来看，植被物候变化对 WUE 变化的相对贡献率为 17%，土地利用变化对 WUE 变化趋势的相对贡献率为 83%（图 7.3）。从流域角度上看，植被物候变化对 WUE 相对贡献率由大到小分别为：东南诸河（69%）、珠江流域（58%）、长江流域（53%）、西南诸河（46%）、黄河流域（42%）、淮河流域（31%）、松花江和辽河流域（29%）、海河流域（26%）、内陆河（24%）；土地利用变化对 WUE 相对贡献率由大到小分别为：内陆河（76%）、海河流域（74%）、松花江和辽河流域（71%）、淮河流域（69%）、黄河流域（58%）、西南诸河（54%）、长江流域（47%）、珠

江流域（42%）、东南诸河（31%）。

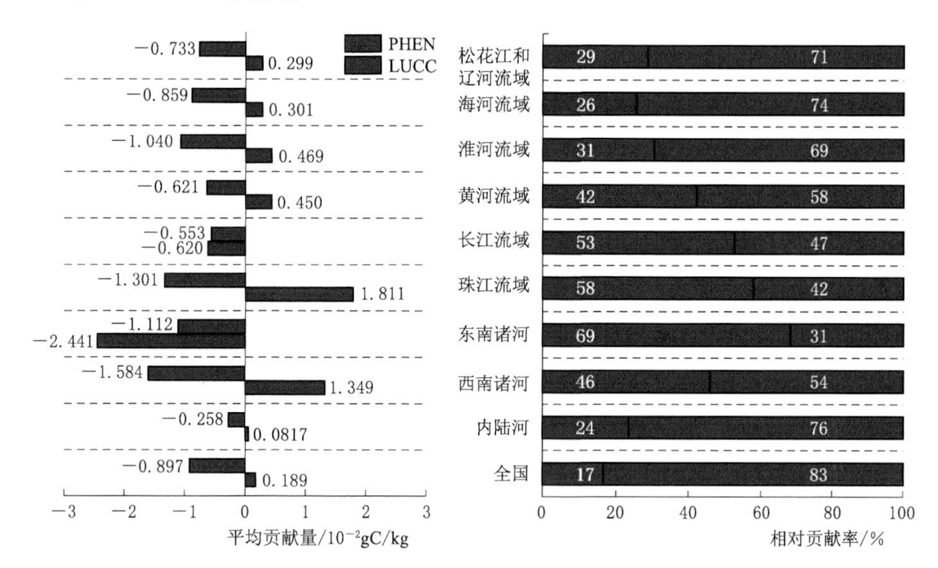

图 7.3 1982—2018 年植被物候（PHEN）与土地利用（LUCC）变化对 WUE 的平均贡献量和相对贡献率

7.4 讨论

1982—2018 年中国年平均 WUE 为 2.04gC/kg，平均变化速率为 1.93×10^{-3}gC/(kg·a)。基于情景实验得到土地利用变化和植被物候变化 WUE 的影响，整体来看，土地利用的贡献大于植被物候的贡献，平均贡献率分别为 83%和 17%。中国东南部地貌类型主要为丘陵和平原，其海拔主要在 1274～3500m，平缓的地势有利于土壤水分的积累，同时高覆盖的植被对固碳能力具有促进作用，是该地区 GPP 和 ET 偏高的重要原因；西部地貌类型主要为起伏较大的高山，其海拔主要在 3500～5427m，主要为高山荒漠、裸土和岩石，无法形成稳定的地表径流，植被种类单一且覆盖度低，群落稳定性差，生态群落敏感度高于其他地区[222-223]，是该地区 GPP 和 ET 偏低的重要原因。植被 WUE 高值区主要分布在起伏较大的中山地区南部，这是由于此类地区地形起伏较大、受人类活动干扰因素较少[224]，植被群落较为稳定，且海拔较低，气温条件适宜，有利于植被对碳的积累，是植被 GPP 较高的原因；较高的植被覆盖度导致了低林冠截留蒸发和土壤蒸发[222]，是 ET 较低的原因，因此起伏较大的中山植被 WUE 高于其他地貌类型。WUE 低值区主要分布在高山地区，冰川覆盖以及地势起伏大导致生态环境脆弱，植被覆盖度差，生态群落敏感度高，是植被 GPP 偏低的原因[225]；冰川融水补给导致土壤含水量高，低覆盖的植被是蒸腾、蒸发作用大的重要原因，是 ET 数值偏高的直接原因，因此起伏较大的高山植被 WUE 最低。WUE 的空间分布格局表征了不同地貌类型的生态系统内水分利用效率异质性特征，时间尺度的变化突显了植被在自然环境变化以及人类活动干预过程中耗水量与生产力的耦合[226-227]。WUE 的增加主要是干旱加剧导致植物气孔导度降低，叶片水分耗散减少，也是 ET 呈现减少趋势的关键原因；而中国南部土壤水分充足，适度的干旱可以促进植被的生长，也是植被 GPP 呈现稳定增加的重要条件，因此植被 WUE 呈增加趋势。增加的 CO_2 浓度以及气温升高加剧了冰川的消融、退化，增加的冰川融水使土壤含水量增加，进而使 ET 增加显著；过多的水分达到植被利用的阈值，对植被的生长起到阻碍作用，GPP 相较 ET 增加缓慢，因此近 37 年高山植被 WUE 总体呈减少趋势。此外，增高的气温延长了高海拔地区植被生长季[228]，光合速率提高幅度大，是 WUE 提高的重要原因[224]。

7.5 本章小结

全球气候变化加剧和水资源日益紧张，本章计算了三种情景下的 WUE（真实情景 WUE_{ALL}、携带静态 PHEN 参数的情景 WUE_{PHEN} 及携带静态 LUCC 参数的情景 WUE_{LUCC}），定量计算了 PHEN 及 LUCC 两种植被动态对 WUE 的影响。主要结论如下：

（1）从空间上看，1982—2018 年中国年平均 WUE 为 2.04gC/kg，最大为 14.41gC/kg，最小值为 0.01gC/kg，整体沿东南诸河海岸线至内陆河梯度减少，平均变化速率为－0.295～0.155gC/kg，其中 55％地区的 WUE 呈增加趋势，45％地区的 WUE 呈减少趋势，WUE 减少的地区主要集中在内陆河、松花江和辽河流域、长江流域、东南诸河以及淮河流域。

（2）从时间上看，1982—2018 年中国 WUE 呈轻微减少趋势（$P>0.05$），平均变化速率为 1.93×10^{-3}gC/(kg·a)，九大流域片的平均变化速率从大到小分别为：黄河流域［8.77×10^{-3}gC/(kg·a)］、海河流域［6.76×10^{-3}gC/(kg·a)］、淮河流域［4.06×10^{-3}gC/(kg·a)］、内陆河［2.44×10^{-3}gC/(kg·a)］、珠江流域［-1.28×10^{-2}gC/(kg·a)］、东南诸河［-5.08×10^{-2}gC/(kg·a)］、西南诸河［-2.30×10^{-3}gC/(kg·a)］、松花江和辽河流域［-3.17×10^{-3}gC/(kg·a)］、长江流域［-8.46×10^{-3}gC/(kg·a)］。

（3）1982—2018 年从流域角度看植被物候变化对 WUE 贡献率由大到小分别为：东南诸河（69％）、珠江流域（58％）、长江流域（53％）、西南诸河（46％）、黄河流域（42％）、淮河流域（31％）、松花江和辽河流域

(29%)、海河流域(26%)、内陆河(24%);土地利用变化对 WUE 相对贡献率由大到小分别为:内陆河(76%)、海河流域(74%)、松花江和辽河流域(71%)、淮河流域(69%)、黄河流域(58%)、西南诸河(54%)、长江流域(47%)、珠江流域(42%)、东南诸河(31%)。整体来看土地利用变化对 WUE 的贡献大于植被物候变化对 WUE 的贡献,平均贡献率分别为 83%和 17%。

第8章 碳-水利用效率对极端干旱事件的响应

极端干旱事件（extreme drought event，EDE）发生时，植物生长通常受到严重限制，植物可能减缓生长速率或停止生长，导致碳的固定能力降低，从而降低碳利用效率。极端干旱也可能导致土壤水分供应不足甚至是生态系统的退化，从而影响整个生态系统的水分效率。本章基于 SPEI 指数对全国 2000—2017 年干旱时空特征及变化趋势进行研究，以发现中国近 18 年干旱的时空变化规律，并识别出极端干旱事件的起止时间，探究极端干旱事件的时空动态变化。研究自然植被和恢复植被的碳利用效率和水分利用效率对极端干旱事件的响应，可以评估生态系统在干旱条件下的稳定性和脆弱性，为生态风险评估提供参考依据，有助于制定合理的植被管理和生态恢复策略，促进生态系统的可持续发展。

8.1 中国干旱时空变化特征

8.1.1 中国干旱时间变化特征

在过去的 18 年间，中国年平均标准化降水蒸散指数（SPEI）呈现出一种波动上升的模式。经过统计分析，其线性变化速率为 0.0042/10a。多年来 SPEI 在−0.6～0.5 的波动范围内，SPEI 最小的四年分别为 2001 年、2006 年、2009 年和 2011 年。2006 年和 2009 年出现 SPEI 低于−0.5 的情况，这说明 2006 年和 2009 年全国受干旱的影响较大（图 8.1）。

为深入探究全国范围内干旱的季节性演变特征，本章计算了春季、夏季、秋季和冬季四个季节的 SPEI。春季和冬季的 SPEI 呈波动下降的趋势，下降斜率分别为 0.0088/10a、0.0031/10a，夏季和秋季的 SPEI 呈波动上升的趋势，上升斜率分别为 0.0019/10a、0.0094/10a。

春季 SPEI 在 2004 年和 2011 年的值小于−0.5，表现出干旱特征；夏季

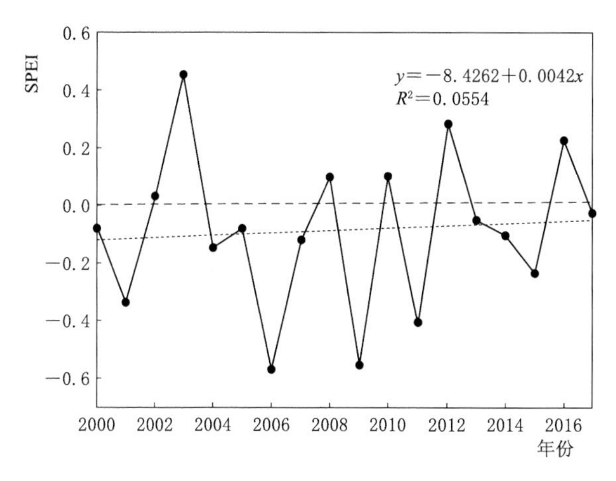

图 8.1　2000—2017 年中国年平均 SPEI 的时间变化

SPEI 多年来的波动变化趋于一个正常的波动范围内；秋季 SPEI 在 2006 年的值低于−0.5，表现出干旱特征；冬季 SPEI 多年来的波动变化也趋于一个正常的波动范围。18 年来，夏季和冬季没有出现干旱的年份，春季、秋季和冬季出现干旱情况的年份也极少，分别是 2004 年春和 2011 年春以及 2006 年秋季。这与年尺度下的干旱情况相对应（图 8.2）。

8.1.2　中国干旱空间分布特征

SPEI-12（12 个月尺度的气象干旱）多年均值分布呈东南高西南低、西北高东北低的空间格局。SPEI-12 多年平均值为−0.0842，内陆河的南部、黄河流域东部、西南诸河西北部、珠江流域南部、长江流域西北部、淮河流

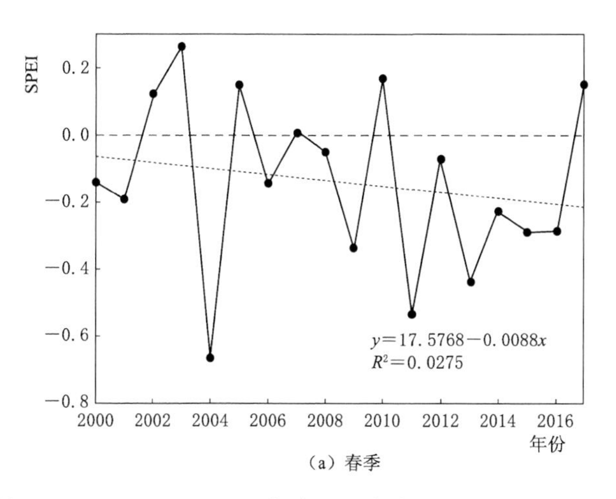

（a）春季

图 8.2（一）　2000—2017 年中国四个季节 SPEI 的时间变化

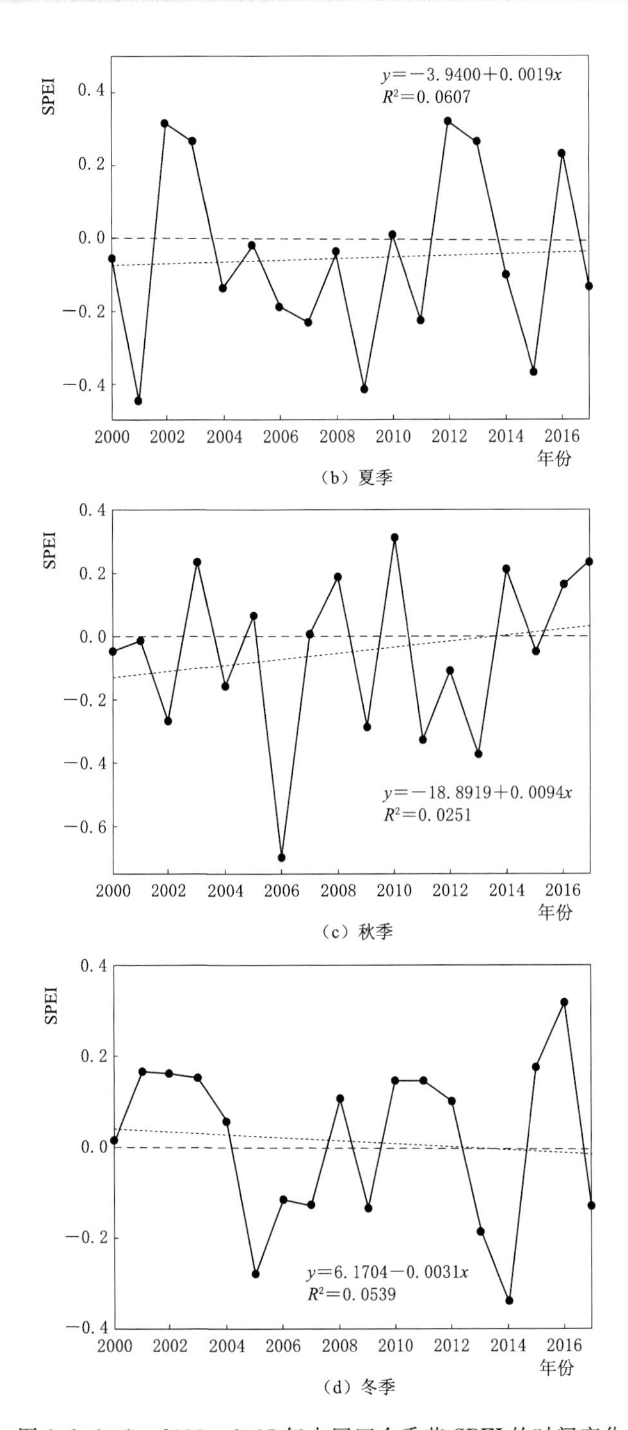

（b）夏季

（c）秋季

（d）冬季

图8.2（二）　2000—2017年中国四个季节SPEI的时间变化

域西北部、海河流域东南部、松花江和辽河流域南部受干旱侵扰较大。

季节尺度下，中国西北部和东南部地区多年来受春季干旱的侵扰较大。多个流域 SPEI-3（3 个月尺度的气象干旱）多年平均值低于−0.15，其主要分布于内陆河的南部、黄河流域、东南诸河的北部、珠江流域。

中国西北部地区多年来受夏季干旱的侵扰较大。多个流域 SPEI-3 多年平均值低于−0.15，其主要分布于西南地区的西南部、华北地区的中部和西北地区的东南部。

中国东北部大部分地区和西北部分地区多年来受秋季干旱的侵扰较大。多个流域 SPEI-3 多年平均值低于−0.1。

中国西北地区、西南地区和东南部分地区多年来受冬季干旱的侵扰较大。SPEI-3 低值区域基本都出现在西北地区。从年和季节尺度的 SPEI 高值看，西北地区的大部分区域都呈现出干旱增加的现象，从低值分布区域看，不同季节的高值分布区域都不同。

2000—2017 年 SPEI 呈现下降趋势的区域占中国总面积的 42.98%，其中显著减少的占 3.99%，主要分布于内陆河的南部、西南诸河的北部，轻微减少的占 38.99%，分布在西南诸河的南部、黄河流域的西部、长江流域的西部、淮河流域的西北部；SPEI 呈现上升趋势的区域占中国总面积的 56.06%，其中显著增加的占 3.70%，分布于松花江和辽河流域的中部和东北部、东南诸河的北部、黄河流域东南部，轻微增加的占 52.36%，分布于内陆河的北部、珠江流域的北部、黄河流域的东部和北部、淮河流域南部、海河流域东北部。

2000—2017 年春季 SPEI 呈现下降趋势的区域占中国总面积的 56.26%，其中显著减少的占 3.58%，主要集中在西南诸河，轻微减少的占 52.67%，主要分布在内陆河、松花江和辽河流域、海河流域北部、长江流域东南部、黄河流域北部；春季 SPEI 呈现上升趋势的区域占中国总面积的 43.74%，其中显著增加的占 0.14%，主要集中在东南诸河南部，轻微增加的占 42.61%，分布在长江流域北部，黄河流域南部，东南诸河和珠江流域。

2000—2017 年夏季 SPEI 呈现下降趋势的区域占中国总面积的 51.19%，其中显著减少的占 0.91%，集中在内陆河中部和淮河流域西部，轻微减少的占 50.28%，分布在内陆河中部、西南诸河北部、长江流域南部、珠江流域西部、淮河流域北部；夏季 SPEI 呈现上升趋势的区域占中国总面积的 48.81%，其中显著增加的占 1.31%，集中在长江流域东部，轻微增加的占 46.08%，分布在内陆河东部、东南诸河、长江流域北部、黄河流域东北部、西南诸河西部。

2000—2017 年秋季 SPEI 呈现下降趋势的区域占中国总面积的 41.29%，

其中显著减少的占 0.76%，集中在内陆河的北部，轻微减少的占 40.54%，分布于西南诸河北部、长江流域西北部、黄河流域东部；秋季 SPEI 呈现上升趋势的区域占中国总面积的 58.71%，其中显著增加的占 7.20%，集中于珠江流域的南部、淮河流域东南部、松花江和辽河流域的中部，轻微增加的占 50.51%，分布于内陆河北部、松花江和辽河流域南部、海河流域、淮河流域西北部。

2000—2017 年冬季 SPEI 呈现下降趋势的区域占中国总面积的 56.26%，其中显著减少的占 3.58%，集中于内陆河南部、西南诸河西北部，轻微减少的占 52.67%，分布于内陆河西北部、长江流域西部；冬季 SPEI 呈现上升趋势的区域占中国总面积的 42.75%，其中显著增加的占 1.36%，分布于东南诸河的南部，轻微增加的占 42.61%，分布于内陆河北部、长江流域东北部、淮河流域、海河流域、松花江和辽河流域、黄河流域北部。

8.2　极端干旱事件的时空格局

8.2.1　极端干旱事件起止时间识别

2000—2017 年，中国地区共发现 11 起极端干旱事件（EDE）。分别是 2001 年 6—7 月、2004 年 4 月、2006 年 8—11 月、2007 年 6 月、2009 年 1—2 月、2009 年 6—8 月、2011 年 1 月、2011 年 9 月、2013 年 3 月、2013 年 10 月、2014 年 1 月、2014 年 12 月、2015 年 3 月（图 8.3）。

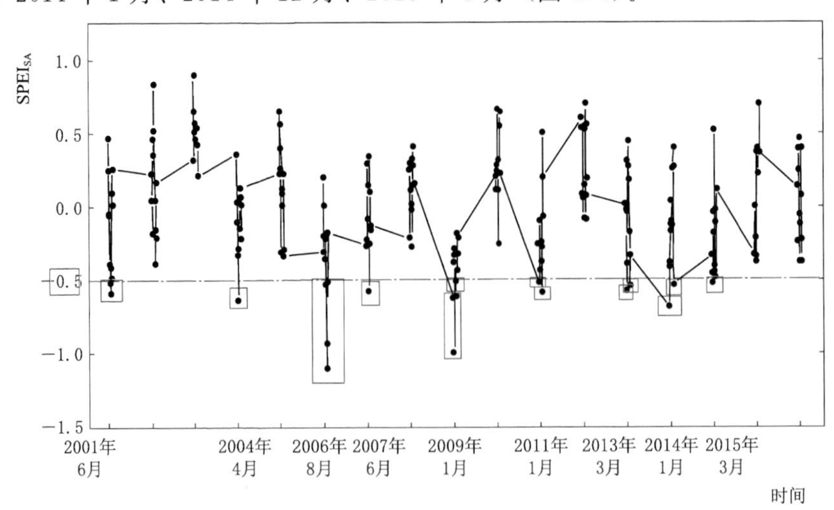

图 8.3　2000—2017 年 SPEI 区域平均标准化距平趋势线

其中6起极端干旱事件发生在研究期间的后半段，其特点是持续时间短（1～2个月）、严重程度较轻。其余五次极端干旱事件发生在2001—2009年之间，持续时间较长（3～4个月）且严重程度较高。最严重的极端干旱事件发生在2006年8—11月，持续4个月；其次是2009年6—8月，持续3个月。$SPEI_{SA}$还显示，2006年和2009年发生的极端干旱事件是整个研究期间最严重的。因此，本研究选择2006—2009年作为案例研究，来探讨恢复和自然植被区域水分利用效率和碳利用效率对极端干旱事件的响应，以估计生态恢复植被对极端干旱事件的抵抗力。

8.2.2 极端干旱事件时空动态变化

2006年夏秋干旱事件发生在2006年8月，始于内陆河北部和东部、西南诸河、长江流域西北部、西南诸河北部、松花江和辽河流域西部。随着时间推移，此次干旱事件逐渐向内陆河西部、黄河流域全流域、长江流域东北部、珠江流域西南部、海河流域和淮河流域北部扩展。

2009年冬干旱事件发生在2009年1月，始于内陆河北部和南部、海河流域、长江流域东部、黄河流域、珠江流域东部、东南诸河、淮河流域和松花江和辽河流域西南部。随着时间推移，此次干旱事件逐渐向内陆河东部和西部、长江流域西北部和南部、西南诸河扩展。

2009年夏干旱事件发生在2009年6月，始于内陆河西部和东南部、长江流域、西南诸河北部、海河流域西北部。随着时间推移，此次干旱事件逐渐向内陆河北部、珠江流域西北部、松花江和辽河流域南部、东南诸河东南部扩展。

$SPEI_{SA}$检测到的2006—2009年中国地区极端干旱事件的频率、持续时间和严重程度存在较大的空间异质性。2006—2009年间，研究区内每年至少经历1次干旱事件。28.48%的地区遭受特大干旱，频率高，但持续时间短（4个月左右），严重程度较弱（DSI＞－3.5），主要分布在珠江流域、长江流域、淮河流域、东南诸河。71.52%的地区经历了多于4个月的极端干旱，甚至有67.85%的地区遭受了持续时间超长（＞5个月）、严重程度强的极端干旱（DSI＜－4），但频率较低（＜15次），主要分布在长江流域、淮河流域、珠江流域、东南诸河。

8.3 极端干旱事件对碳-水利用效率的影响

通过土地利用类型转换确定自然植被与恢复植被，分析2006—2009年内自然植被和恢复植被下的WUE和CUE对EDE的抗旱性。土地利用类型没有发生变化的植被为自然植被，土地利用类型发生变化的植被为恢复植被。

植被恢复项目旨在通过植树造林、植草等恢复活动来增加生物多样性、碳汇和植被覆盖。恢复活动的面积是土地转变的面积。例如造林，通过土地覆盖变化将土地从非森林地区转变为森林地区，非林地转林地的土地转化模式被称为造林。同样，植草被定义为非森林（或非灌木地）——草地。恢复项目对生态系统 WUE 和 CUE 变化的影响通过植树造林、植草等恢复活动导致土地覆盖变化地区生态系统 WUE 和 CUE 的变化来表征。

本书研究的植被恢复项目主要为植树造林和植草。植树造林约占所有恢复活动的 38.99%，植草约占其中的 61.01%。植树造林面积为 48558.6km²，是由耕地（78.16%）、灌木丛（7.57%）和草地（14.27%）转变而来。植草面积为 75979km²；由耕地（3.41%）和其他土地利用类型（60.25%）转变而来。

NPP、GPP、WUE 和 CUE 均存在干旱胁迫的滞后效应，但是滞后效应的程度不一。2006 年极端干旱事件发生时，恢复植被和自然植被的 NPP 便开始出现下降现象，且下降速率高于极端干旱事件发生前。2009 年第一次极端干旱事件发生时，恢复植被和自然植被的 NPP 前期呈现上升趋势，在 2009 年第二次极端干旱事件发生两个月后，恢复植被和自然植被的 NPP 才出现断崖式下降（图 8.4）。

草地和植草的 GPP 在 2006 年极端干旱事件发生前，便开始下降，在极端干旱事件发生后便迅速下降，待到极端干旱事件结束，开始缓慢上升。2009 年第一次极端干旱事件开始时，草地和植草 GPP 处于缓慢上升趋势，待到第二次极端干旱事件开始时，草地和植草的 GPP 快速上升，极端干旱事件开始后的第二个月，草地和植草的 GPP 才开始下降，第二次极端干旱事件结束后，草地和植草的 GPP 开始迅速下降。林地和造林的 GPP 和草地和植草的 GPP 变化趋势相似（图 8.5）。

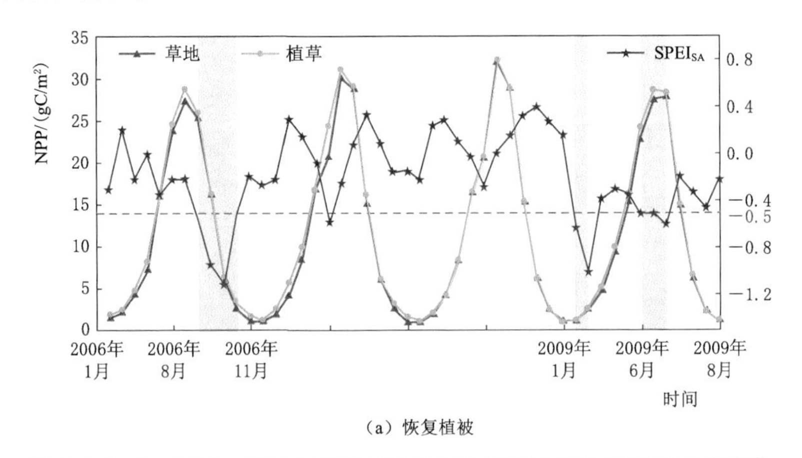

（a）恢复植被

图 8.4（一）　2006—2009 年恢复植被和自然植被区植被 NPP 的月度变化

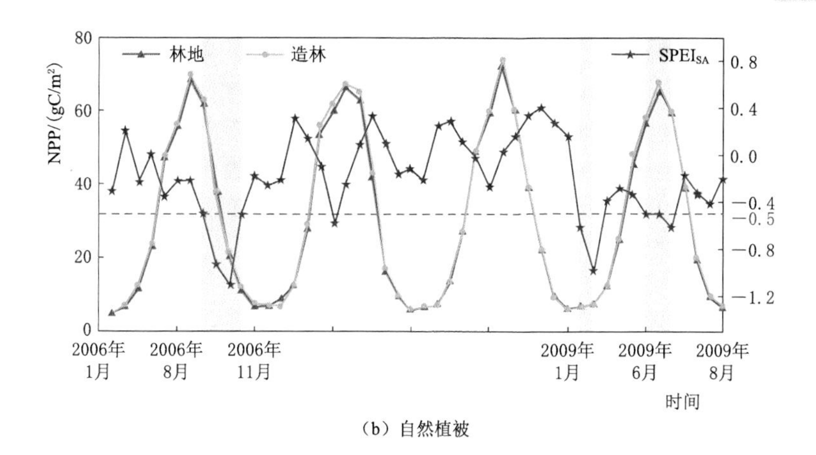

(b) 自然植被

图 8.4 (二)　2006—2009 年恢复植被和自然植被区植被 NPP 的月度变化

(注：绿色区域标记极端干旱时期。)

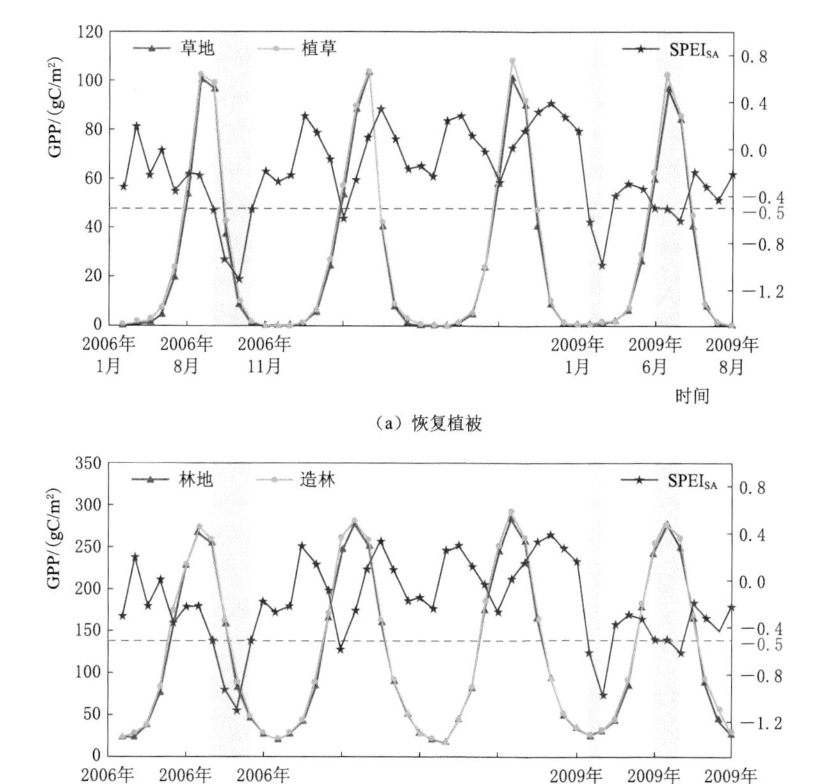

(b) 自然植被

图 8.5　2006—2009 年恢复植被和自然植被区植被 GPP 的月度变化

(注：绿色区域标记极端干旱时期。)

2006 年极端干旱事件发生时，草地和植草的 WUE 便开始出现下降现象，2009 年第一次极端干旱事件发生时，草地和植草的 WUE 才开始呈现上升趋势，第二次极端干旱事件发生时，前一个月呈现上升趋势，后面才开始下降，且极端干旱事件内，WUE 下降的速率更快。林地和造林的 WUE 趋势同草地和植草的 WUE 相似，且林地和造林的 WUE 更高（图 8.6）。

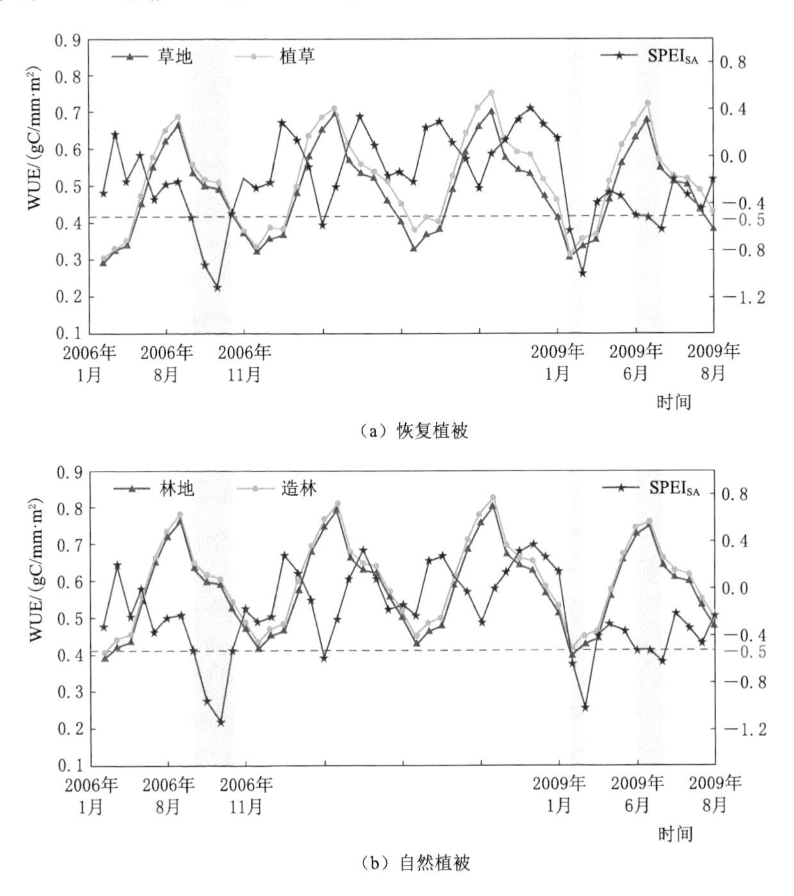

（a）恢复植被

（b）自然植被

图 8.6　2006—2009 年恢复植被和自然植被区植被 WUE 的月度变化

（注：绿色区域标记极端干旱时期。）

恢复植被的 CUE 也高于自然植被，2006 年极端干旱事件发生时，草地和植草的 CUE 仍处于上升阶段，极端干旱事件发生至第三个月时，草地和植草的 CUE 才开始下降。2009 年第一次极端干旱事件发生时，草地和植草的 CUE 还在上升，第一次极端干旱事件结束后三个月，草地和植草的 CUE 开始迅速下降，等到第二次极端干旱事件结束后，草地和植草的 CUE 才开始上升。林地和造林的 CUE 与草地和植草的 CUE 变化趋势相似（图 8.7）。

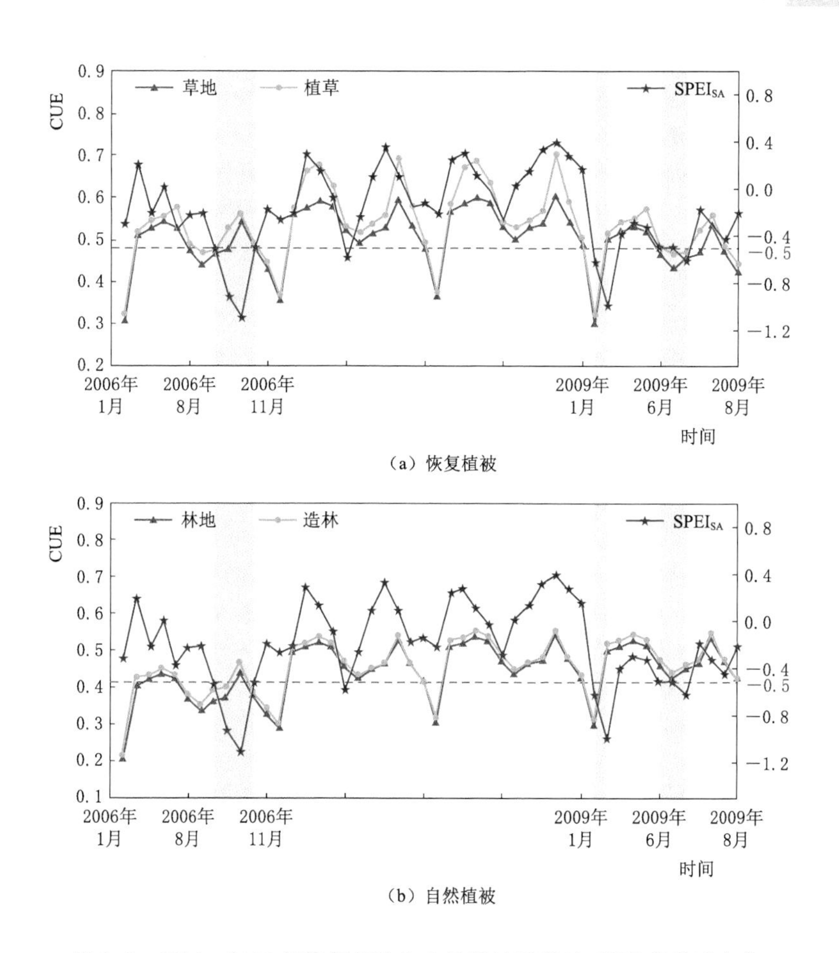

（a）恢复植被

（b）自然植被

图 8.7　2006—2009 年恢复植被和自然植被区植被 CUE 的月度变化
（注：绿色区域标记极端干旱时期。）

8.4　讨论

过去的 18 年里，在整个研究区域检测到 11 次极端干旱事件，这些事件也在以前的研究中通过野外站的气象监测观察到[229-230]。极端干旱事件的数量从 2001 年的 1 次增加到 2009 年后的 2 次，持续时间从 2001 年的 1 个月增加到 2009 年的 4 个月。2009 年发生的 100 年一遇的极端干旱事件改变了中国生态系统碳平衡和水平衡。此外，中国极端干旱事件的频率、持续时间和严重程度存在较大的空间异质性。因此，应根据区域干旱特点，加强生态工程建设，防范极端干旱事件造成的重大损失风险。

研究发现，在2006年和2009年的极端干旱事件中，自然植被和恢复植被的NPP呈两种趋势，第一种趋势是2006年的极端干旱事件发生时，自然植被和恢复植被的NPP便开始下降。第二种趋势是2009年的第一次极端干旱事件发生时，自然植被和恢复植被的NPP呈现上升趋势，直到第二次极端干旱事件发生后，自然植被和恢复植被的NPP才开始下降，这表明对于不同程度的极端干旱事件，自然植被和恢复植被的NPP是有滞后的。对植被NPP的滞后影响与亚马孙流域、中非、印度尼西亚和南印度的发现一致[231]，这可能是因为在干旱开始时，水分还不是一个限制因素，植物能够在干旱开始前利用土壤或地下水中保留的水分，即使降水量大幅下降，植物也能够利用干旱前土壤或地下水中的水分[232-233]；此外，由于云量减少，干旱通常会增加阳光的可用性[232]。因此，植被NPP在干旱胁迫的早期阶段没有下降，而是略有增加。一般来说，中国频繁发生严重的干旱事件，因而选择具有高WUE的物种进行植被恢复，以实现高存活率和植被覆盖率，这些植物具有支持在干旱时期较低的光合作用和蒸腾速率的特征[234]。

极端干旱事件对碳利用效率的影响是复杂而多样的。对于不同程度的极端干旱事件，自然植被和恢复植被的CUE也是有滞后的。这可能是因为在干旱开始时，植被受到水分的限制，导致光合作用活动减弱，碳固定过程受到抑制，从而导致碳利用效率缓慢下降[235]。此外，干旱还可能导致土壤水分不足，影响植被的生长和生理活动，降低植被覆盖度和叶面积指数，甚至导致植被凋落和死亡，进而影响土壤有机质分解和碳释放过程，从而影响整个生态系统的碳循环和碳利用效率[236]。干旱条件下，植被水分吸收受限，导致植物叶片关闭气孔以减少水分蒸腾，从而限制了CO_2进入，影响了光合作用的进行，植物往往会优先向生长和维持生存所需的方向分配光合产物，而减少向根部等贮存器官的分配，这可能导致碳在植物体内的分配模式发生改变，从而影响碳利用效率[237]。

研究发现，恢复植被的WUE和CUE比自然植被的高，这可能是因为恢复植被通常会受到人为管理的干预，例如定期的灌溉、施肥、修剪等措施，以促进植被生长和恢复。这些管理措施可以提高植被对水分和养分的利用效率[238]，从而增加WUE和CUE。在植被恢复过程中，通常会实施土壤改良和保护措施，例如植被覆盖、水土保持、退耕还林等，以改善土壤质量和保护土壤水分，从而提高植被对水分和养分的利用效率[239]；而且恢复植被通常会依托科学管理和技术支持，例如利用遥感技术监测植被生长状况、制定合理的灌溉和施肥方案等，以优化植被生长环境[240]，从而提高WUE和CUE[240]。

8.5 本章小结

本章利用标准化降水蒸散指数（SPEI）探究中国2000—2017年干旱的时空特征及变化趋势。通过对SPEI-3季尺度和SPEI-12年尺度时空动态进行分析，全面揭示了中国近18年干旱的时空变化规律。同时，通过识别极端干旱事件的起止时间，深入研究极端干旱事件的动态变化规律。重点研究分析了自然植被和恢复植被的碳利用效率以及水分利用效率对碳利用效率和水分利用效率的响应。主要成果如下：

（1）2000—2017年，中国地区共发现11起极端干旱事件。$SPEI_{SA}$检测到的2006—2009年中国地区EDE的频率、持续时间和严重程度存在较大的空间异质性。2006—2009年间，研究区内每年至少经历1次干旱事件。28.48%的地区遭受特大干旱，频率高，但持续时间短（4个月左右），严重程度较弱（DSI>−3.5），主要分布在珠江流域、淮河流域、东南诸河、长江流域。71.52%的地区经历了超过4个月的极端干旱，甚至有67.85%的地区遭受了持续时间超长（>5个月）、严重程度强的极端干旱（DSI<−4），但频率较低（<15次），主要分布在珠江流域、淮河流域、东南诸河、长江流域。

（2）NPP、GPP、WUE和CUE存在干旱胁迫的滞后效应，但是滞后效应的程度不一。2006年和2009年极端干旱事件显著抑制了恢复植被区和自然植被区的植被NPP、GPP、WUE和CUE，恢复植被的NPP、GPP、WUE和CUE均高于自然植被。

第9章 结论与展望

9.1 结论

(1) 2000—2017 年，中国九种土地利用类型中，林地和灌丛的 WUE 较高，裸地和冰/雪的 WUE 较低。高密度植被对应着较高的 WUE 值，转换为其他土地利用类型时会导致 WUE 下降。其他土地利用类型转移为耕地时，对 WUE 的贡献率是最大的。冰/雪和灌丛的 CUE 较高，耕地和不透水面的 CUE 较低。高 CUE 值区位于寒冷和干燥的环境中，林地的 CUE 低于灌木和草地。其他土地利用类型转移为耕地和林地时，对 CUE 的贡献较大。

(2) WUE 趋势的主要控制因子是 NDVI（平均贡献：33.75%±6.90%）和 VPD（平均贡献：28.04%±3.98%），5 个流域（海河流域、黄河流域、长江流域、珠江流域和松花江和辽河流域）以 NDVI 占绝对优势，东南诸河、淮河流域、内陆河以 Srad 为主，西南诸河以 Shum 为主。CUE 趋势的主要控制因子是 Srad（平均贡献：36.46%±3.40%）和 Pre（平均贡献：26.72%±5.20%），淮河流域、松花江和辽河流域、海河流域、西南诸河和内陆河以 Pre 占绝对优势，珠江流域、长江流域、黄河流域以 Srad 为主。

(3) 基于相关性方法的植被限制指数构建结果表明，1982—2018 年相对于温度，植被与水分的关系正变得更加密切；相对于表层土壤水分，植被与根系土壤水分的关系在持续增加。

(4) 使用提取的植被物候信息结合土地利用信息构建了 4 种 PT-JPL 模型的优化方案，与通量站数据对比结果显示，使用动态植被物候与土地利用变化信息双重优化得到的 PT-JPL 模型模拟精度最高，在中国 8 个通量站下的平均 RMSE 为 21.93mm，R^2 为 0.7767，PBIAS 为 12.97%，误差较小，模拟结果可靠，表明动态植被信息有助于双源蒸散发模型模拟精度的提升。

(5) 基于土地利用变化与植被物候变化信息双重优化后的 PT-JPL 模型模拟了三种情景下的蒸散发（ET），得到了植被物候变化与土地利用变化对蒸散发的贡献率。其结果显示，土地利用变化与植被物候变化都增加了 ET，平均贡献率分别为 82%及 18%。

（6）基于多情景模拟的 ET 计算得到 1982—2018 年对应情景的水分利用效率（WUE），并计算出植被物候与土地利用变化对 WUE 的贡献率及贡献量。结果显示，土地利用变化减小了 WUE，平均贡献率为 83%，植被物候变化增加了 WUE，平均贡献率为 17%。

（7）2000—2017 年，中国经历了 11 次极端干旱事件，其中 2006 年和 2009 年的 EDE 持续时间最长，SPEI 值最低。与自然植被相比，恢复植被的 NPP、GPP、WUE 和 CUE 相对较高。对于不同程度的极端干旱事件，自然植被和恢复植被都的 NPP、GPP、WUE 和 CUE 均有滞后。

9.2 展望

（1）本书仅从年尺度上分析中国流域 WUE 和 CUE 的变化，当前的研究在分析过程中缺乏对季节和月尺度的深入探讨，因此无法全面揭示研究对象在这些时间尺度上的变化情况。实际上，季节和月尺度的变化规律对于理解研究对象年内的动态过程至关重要，它们各自展现出了明显不同的特征。为了更深入地理解这些要素在年内的变化过程，未来的研究应当加强对不同时间尺度的分析。通过对比分析季节和月尺度的数据，可以更准确地把握研究对象的变化趋势，进而为相关领域的决策提供更为科学、全面的依据。

（2）本书基于 SPEI 指数和遥感数据，系统分析了中国 2000—2017 年间干旱的时空演变特征，以及 WUE 和 CUE 的相应变化。深入探讨了典型干旱年份中，干旱对 WUE 和 CUE 的影响，为理解我国干旱的时空变化及其对生态系统碳、水分利用效率的影响提供了宝贵的基础数据。然而，本书仍存在局限性，有待在未来的研究中进一步完善。具体来说，不同模型模拟计算得出的 WUE 和 CUE 结果存在显著差异，这可能导致一定的误差。为提高准确性，我们需要采用多套不同类型的模型模拟结果进行对比分析，未来可结合其他数据源和方法，更全面、深入地揭示干旱和生态系统碳、水利用效率的复杂关系。

（3）植被生长对于更小时间尺度同期或滞后的气候变化响应比长时间尺度的气候变化更为敏感，本书对植被与表层土壤水分、深层土壤水分及温度之间的关系缺乏更为细致的分析过程。将来可以将气候因素及植被指数基于时间插值的方法提取为每 8 天数据以进行深入研究，除此之外，本书的研究期为 1982—2018 年，对于研究植被的温度限制向能量限制的转变时间跨度不足，未来可以使用 CMIP6 数据延长时间跨度做进一步深入研究。

(4) 基于滤波及动态阈值的方法使用遥感数据提取植被物候效率较高，但提取结果会随着遥感数据源、时间尺度和提取物候方法的不同发生变化，因此也会给定量分析植被物候对 ET 或 WUE 的贡献带来不确定性，未来可以改用物候模型对中国植被物候进行模拟并使用站点物候信息率定参数增加植被物候的准确度以降低不确定性。

参 考 文 献

[1] FOLEY J A, PRENTICE I C, RAMANKUTTY N, et al. An integrated biosphere model of land surface processes, terrestrial carbon balance, and vegetation dynamics [J]. Glob Biogeochem Cycle, 1996, 10 (4): 603-628.

[2] OSTLE N J, SMITH P, FISHER R, et al. Integrating plant-soil interactions into global carbon cycle models [J]. Journal of Ecology, 2009, 97 (5): 851-863.

[3] SEDDON A W R, MACIAS-FAURIA M, LONG P R, et al. Sensitivity of global terrestrial ecosystems to climate variability [J]. Nature, 2016, 531 (7593): 229-232.

[4] HU Z, YU G, FU Y, ET AL. Effects of vegetation control on ecosystem water use efficiency within and among four grassland ecosystems in China [J]. Global Change Biology, 2008, 14 (7): 1609-1619.

[5] MA H, LV Y, LI H. Complexity of ecological restoration in China [J]. Ecol Eng, 2013, 52: 75-78.

[6] NIU Q F, XIAO X M, ZHANG Y, et al. Ecological engineering projects increased vegetation cover, production, and biomass in semiarid and subhumid Northern China [J]. Land Degrad Dev., 2019, 30 (13): 1620-1631.

[7] PIAO S L, YIN G D, TAN J G, et al. Detection and attribution of vegetation greening trend in China over the last 30 years [J]. Global Change Biology, 2015, 21 (4): 1601-1609.

[8] LI X Y, LI Y, CHEN A P, et al. The impact of the 2009/2010 drought on vegetation growth and terrestrial carbon balance in Southwest China [J]. Agric for Meteorol, 2019, 269: 239-248.

[9] ZHAO M S, RUNNING S W. Drought-Induced Reduction in Global Terrestrial Net Primary Production from 2000 Through 2009 [J]. Science, 2010, 329 (5994): 940-943.

[10] HAO Z C, AGHAKOUCHAK A. Multivariate Standardized Drought Index: A parametric multi-index model [J]. Advances in Water Resources, 2013, 57: 12-18.

[11] SPEHN E M, JOSHI J, SCHMID B, et al. Above-ground resource use increases with plant species richness in experimental grassland ecosystems [J]. Functional Ecology, 2000, 14 (3): 326-337.

[12] LUE, LUO Y L, ZHANG R H, et al. Regional atmospheric anomalies responsible for the 2009—2010 severe drought in China [J]. J. Geophys. Res-Atmos., 2011, 116. D2114.

[13] DELUCIA E H, DRAKE J E, THOMAS R B, et al. Forest carbon use efficiency: is respiration a constant fraction of gross primary production? [J]. Global Change Bi-

ology, 2007, 13 (6): 1157 - 1167.

[14] SINSABAUGH R L, MANZONI S, MOORHEAD D L, et al. Carbon use efficiency of microbial communities: stoichiometry, methodology and modelling [J]. Ecology Letters, 2013, 16 (7): 930 - 939.

[15] BEER C, CIAIS P, REICHSTEIN M, et al. Temporal and among - site variability of inherent water use efficiency at the ecosystem level [J]. Glob. Biogeochem Cycle, 2009, 23: 2.

[16] ELMASRI B, SCHWALM C, HUNTZINGER D N, et al. Carbon and Water Use Efficiencies: A Comparative Analysis of Ten Terrestrial Ecosystem Models under Changing Climate [J]. Scientific Reports, 2019, 9 (1): 1 - 9.

[17] VINEIS P. Climate Changes The new IPCC Report: urgent action needed [J]. Epidemiol. Prev. , 2014, 38 (2): 142 - 143.

[18] SUTTON R T. ESD Ideas: a simple proposal to improve the contribution of IPCC WGI to the assessment and communication of climate change risks [J]. Earth Syst. Dynam. , 2018, 9 (4): 1155 - 1158.

[19] YAPING ZHANG, ZHENPING QIANG, XU CHEN. Spatiotemporal dynamics of NDVI and land use in china based on remote sensing images [J]. J. Theor. Appl. Inf. Technol. (Pakistan), 2013, 49 (1): 409 - 417.

[20] WANG F, LIU X K, LIU X, et al. Impacts of Land Use Change on NDVI in Shaanxi Province of China [C]//6th International Conference on Energy Materials and Environment Engineering (ICEMEE). Iop Publishing Ltd. , Electr Network, 2020.

[21] WANG Y, ZHOU L, JIA Q Y, et al. Water use efficiency of a rice paddy field in Liaohe Delta, Northeast China [J]. Agric. Water Manage. , 2017, 187: 222 - 231.

[22] HU Z M, YU G R, FU Y L, et al. Effects of vegetation control on ecosystem water use efficiency within and among four grassland ecosystems in China [J]. Glob. Change Biol. , 2008, 14 (7): 1609 - 1619.

[23] HUANG M T, PIAO S L, SUN Y, et al. Change in terrestrial ecosystem water - use efficiency over the last three decades [J]. Glob. Change Biol. , 2015, 21 (6): 2366 - 2378.

[24] WANG Q, ZHANG B, ZHANG ZH Q, et al. The Three - North Shelterbelt Program and Dynamic Changes in Vegetation Cover [J]. Journal of Resources and Ecology, 2014, 5 (1): 53 - 59.

[25] PIAO S L, YIN G D, TAN J G, et al. Detection and attribution of vegetation greening trend in China over the last 30 years [J]. Glob. Change Biol. , 2015, 21 (4): 1601 - 1609.

[26] CHEN T, BAO A M, JIAPAER G, et al. Disentangling the relative impacts of climate change and human activities on arid and semiarid grasslands in Central Asia during 1982—2015 [J]. Sci. Total Environ. , 2019, 653: 1311 - 1325.

[27] FISHER J B, MELTON F, MIDDLETON E, et al. The future of evapotranspiration: Global requirements for ecosystem functioning, carbon and climate feedbacks, agricultural management, and water resources [J]. Water Resour. Res. , 2017,

53 (4): 2618 - 2626.

[28] 李艳，黄春林，卢玲. 蒸散发遥感估算方法的研究进展 [J]. 兰州大学学报（自然科学版），2014，50 (6)：765 - 772.

[29] BAI P, LIU X. Intercomparison and evaluation of three global high - resolution evapotranspiration products across China [J]. Journal of Hydrology, 2018, 566: 743 - 755.

[30] MA N, SZILAGYI J, ZHANG Y, et al. Complementary - Relationship - Based Modeling of Terrestrial Evapotranspiration Across China During 1982—2012: Validations and Spatiotemporal Analyses [J]. 2019, 124 (8): 4326 - 4351.

[31] MO X, LIU S, LIN Z, et al. Trends in land surface evapotranspiration across China with remotely sensed NDVI and climatological data for 1981—2010 [J]. Hydrological Sciences Journal, 2015, 60 (12): 2163 - 2177.

[32] CHENG M, JIAO X, JIN X, et al. Satellite time series data reveal interannual and seasonal spatiotemporal evapotranspiration patterns in China in response to effect factors [J]. Agricultural Water Management, 2021, 255: 107046.

[33] FU J, GONG Y, ZHENG W, et al. Spatial - temporal variations of terrestrial evapotranspiration across China from 2000 to 2019 [J]. Sci. Total Environ., 2022, 825: 153951.

[34] LI G, ZHANG F, JING Y, et al. Response of evapotranspiration to changes in land use and land cover and climate in China during 2001—2013 [J]. Sci. Total Environ., 2017, 596 - 597: 256 - 265.

[35] YANG L, FENG Q, Adamowski J F, et al. The role of climate change and vegetation greening on the variation of terrestrial evapotranspiration in northwest China's Qilian Mountains [J]. Sci. Total Environ, 2021, 759: 143532.

[36] LI X, XU X, TIAN W, et al. Contribution of climate change and vegetation restoration to interannual variability of evapotranspiration in the agro - pastoral ecotone in northern China [J]. Ecol. Indic, 2023, 154: 110485.

[37] WANG Z, XIE P, LAI C, et al. Spatiotemporal variability of reference evapotranspiration and contributing climatic factors in China during 1961—2013 [J]. Journal of Hydrology, 2017, 544: 97 - 108.

[38] LI X, ZOU L, XIA J, et al. Untangling the effects of climate change and land use/cover change on spatiotemporal variation of evapotranspiration over China [J]. Journal of Hydrology, 2022, 612: 128189.

[39] SUN H, CHEN Y, XIONG J, et al. Relationships between climate change, phenology, edaphic factors, and net primary productivity across the Tibetan Plateau [J]. International Journal of Applied Earth Observation and Geoinformation, 2022, 107: 102708.

[40] DEL GROSSO S, PARTON W, STOHLGREN T, et al. Global potential net primary production predicted from vegetation class, precipitation, and temperature [J]. Ecology, 2008, 89 (8): 2117 - 2126.

[41] LIETH H. Evapotranspiration and primary productivity! C. W thornthwaite memorial

model [J]. Publications in Climatology, 1972, 25: 37 - 46.

[42] 周广胜，张新时. 自然植被净第一性生产力模型初探 [J]. 植物生态学报，1995，19 (3)：193.

[43] 朱文泉，潘耀忠，张锦水. 中国陆地植被净初级生产力遥感估算 [J]. 植物生态学报，2007，31 (3)：413 - 424.

[44] 毛留喜，孙艳玲，延晓冬. 陆地生态系统碳循环模型研究概述 [J]. 应用生态学报，2006，17 (11)：2189 - 2195.

[45] WANG Y, DAI E, WU C. Spatiotemporal heterogeneity of net primary productivity and response to climate change in the mountain regions of southwest China [J]. Ecol Indic, 2021, 132: 108273.

[46] DUVEILLER G, HOOKER J, CESCATTI A. The mark of vegetation change on Earth' s surface energy balance [J]. Nature Communications, 2018, 9 (1): 679.

[47] SU H, FENG J, AXMACHER J C, et al. Asymmetric warming significantly affects net primary production, but not ecosystem carbon balances of forest and grassland ecosystems in northern China [J]. Scientific Reports, 2015, 5 (1): 9115.

[48] MICHALETZ S T, CHENG D, KERKHOFF A J, et al. Convergence of terrestrial plant production across global climate gradients [J]. Nature, 2014, 512 (7512): 39 - 43.

[49] LI H, ZHANG H, LI Q, et al. Vegetation Productivity Dynamics in Response to Climate Change and Human Activities under Different Topography and Land Cover in Northeast China [J]. Remote Sens, 2021, 13 (5): 975.

[50] WU L, WANG S, BAI X, et al. Climate change weakens the positive effect of human activities on karst vegetation productivity restoration in southern China [J]. Ecol Indic, 2020, 115: 106392.

[51] 平晓燕，周广胜，孙敬松. 植物光合产物分配及其影响因子研究进展 [J]. 植物生态学报，2010，34 (1)：100 - 111.

[52] 余新晓，武昱鑫，贾国栋. 森林植被不同尺度的碳水过程及耦合机制研究进展 [J]. 水土保持学报，2024，38 (1)：1 - 13.

[53] 陶波，李克让，邵雪梅，等. 中国陆地净初级生产力时空特征模拟 [J]. 地理学报，2003，58 (3)：372 - 380.

[54] 袁文平，蔡文文，刘丹，等. 陆地生态系统植被生产力遥感模型研究进展 [J]. 地球科学进展，2014，29 (5)：541.

[55] 马海云，张林林，魏学琼，等. 2000—2015 年西南地区土地利用与植被覆盖的时空变化 [J]. 应用生态学报，2021，32 (2)：11.

[56] 柳梅英，包安明，陈曦，等. 近 30 年玛纳斯河流域土地利用/覆被变化对植被碳储量的影响 [J]. 自然资源学报，2010，25 (6)：926 - 938.

[57] 赵俊芳，孔祥娜，姜月清，等. 基于高时空分辨率的气候变化对全球主要农区气候生产潜力的影响评估 [J]. 生态环境学报，2019，28 (1)：1.

[58] ZHAO J X, XU T R, XIAO J F, et al. Responses of Water Use Efficiency to Drought in Southwest China [J]. Remote Sens, 2020, 12 (1): 18.

[59] QI H, HUANG F, ZHAI H. Monitoring Spatio - Temporal Changes of Terrestrial

Ecosystem Soil Water Use Efficiency in Northeast China Using Time Series Remote Sensing Data [J]. Sensors，2019，19 (6)：16.

[60] ZHANG T，PENG J，LIANG W，et al. Spatial - temporal patterns of water use efficiency and climate controls in China's Loess Plateau during 2000—2010 [J]. Sci Total Environ，2016，565：105 - 122.

[61] BEER C，REICHSTEIN M，TOMELLERI E，et al. Terrestrial gross carbon dioxide uptake：global distribution and covariation with climate [J]. 2010，329 (5993)：834 - 838.

[62] 梁顺林，陈晓娜，陈琰，等. 陆表卫星遥感 GLASS 产品集的研发新进展 [J]. 遥感学报，2023，27 (4)：831 - 856.

[63] BARCZA Z，KERN A，DAVIS K J，et al. Analysis of the 21 - years long carbon dioxide flux dataset from a Central European tall tower site [J]. Agric for Meteorol，2020，290：108027.

[64] ANAV A，FRIEDLINGSTEIN P，Beer C，et al. Spatiotemporal patterns of terrestrial gross primary production：A review [J]. 2015，53 (3)：785 - 818.

[65] SUN Z，WANG X，ZHANG X，et al. Evaluating and comparing remote sensing terrestrial GPP models for their response to climate variability and CO_2 trends [J]. Sci Total Environ，2019，668：696 - 713.

[66] YAO Y，WANG X，LI Y，et al. Spatiotemporal pattern of gross primary productivity and its covariation with climate in China over the last thirty years [J]. 2018，24 (1)：184 - 196.

[67] LI C，ZHANG Y，SHEN Y，et al. LUCC - driven changes in gross primary production and actual evapotranspiration in northern China [J]. Journal of Geophysical Research：Atmospheres，2020，125 (6)：e2019JD031705.

[68] DING Z，ZHENG H，LI H，et al. Afforestation - driven increases in terrestrial gross primary productivity are partly offset by urban expansion in Southwest China [J]. Ecol Indic，2021，127：107641.

[69] CAI D，GE Q，WANG X，et al. Contributions of ecological programs to vegetation restoration in arid and semiarid China [J]. Environ Res Lett，2020，15 (11)：114046.

[70] WARING R H，LANDSBERG J J，WILLIAMS M. Net primary production of forests：a constant fraction of gross primary production? [J]. Tree Physiology，1998，18 (2)：129 - 134.

[71] ZHANG Y，HUANG K，ZHANG T，et al. Soil nutrient availability regulated global carbon use efficiency [J]. Glob Planet Change，2019，173：47 - 52.

[72] POTTER C S，RANDERSON J T，FIELD C B，et al. Terrestrial ecosystem production：A process model based on global satellite and surface data [J]. Glob Biogeochem Cycle，1993，7 (4)：811 - 841.

[73] CHEN Z，YU G，WANG Q. Ecosystem carbon use efficiency in China：Variation and influence factors [J]. Ecol Indic，2018，90：316 - 323.

[74] ZHANG Y，YU G，YANG J，et al. Climate - driven global changes in carbon use ef-

ficiency [J]. Glob Ecol Biogeogr, 2014, 23 (2): 144 - 155.
[75] CHENG W, SIMS D A, LUO Y, et al. Photosynthesis, respiration, and net primary production of sunflower stands in ambient and elevated atmospheric CO_2 concentrations: An invariant NPP: GPP ratio? [J]. Global Change Biology, 2000, 6 (8): 931 - 941.
[76] VAN OIJEN M, SCHAPENDONK A, Höglind M. On the relative magnitudes of photosynthesis, respiration, growth and carbon storage in vegetation [J]. Annals of Botany, 2010, 105 (5): 793 - 797.
[77] CAMPIOLI M, VICCA S, LUYSSAERT S, et al. Biomass production efficiency controlled by management in temperate and boreal ecosystems [J]. Nature geoscience, 2015, 8 (11): 843 - 846.
[78] HE Y, PIAO S, LI X, et al. Global patterns of vegetation carbon use efficiency and their climate drivers deduced from MODIS satellite data and process - based models [J]. Agric for Meteorol, 2018, 256 - 257: 150 - 158.
[79] CHEN Z F, WANG W G, Fu J Y. Vegetation response to precipitation anomalies under different climatic and biogeographical conditions in China [J]. Sci. Rep., 2020, 10 (1): 16.
[80] CHEN F H, WANG J S, JIN L Y, et al. Rapid warming in mid - latitude central Asia for the past 100 years [J]. Front. Earth Sci. China (China), 2009, 3 (1): 42 - 50.
[81] PIAO S L, WANG X H, CIAIS P, et al. Changes in satellite - derived vegetation growth trend in temperate and boreal Eurasia from 1982 to 2006 [J]. Glob. Change Biol., 2011, 17 (10): 3228 - 3239.
[82] PIAO S L, WANG X H, PARK T, et al. Characteristics, drivers and feedbacks of global greening [J]. Nat. Rev. Earth Environ., 2020, 1 (1): 14 - 27.
[83] PENG J, LIU Z H, LIU Y H, et al. Trend analysis of vegetation dynamics in Qinghai - Tibet Plateau using Hurst Exponent [J]. Ecol. Indic. 2012, 14 (1): 28 - 39.
[84] LI X, ZOU L, XIA J, et al. Untangling the effects of climate change and land use/cover change on spatiotemporal variation of evapotranspiration over China [J]. J. Hydrol., 2022, 612: 128189.
[85] LAN X, LI Y, SHAO R, et al. Vegetation controls on surface energy partitioning and water budget over China [J]. J. Hydrol., 2021, 600: 125646.
[86] YE L Y, CHENG L, LIU P, et al. Management of vegetative land for more water yield under future climate conditions in the over - utilized water resources regions: A case study in the Xiong' an New area [J]. J. Hydrol., 2021, 600: 126563.
[87] DIAS LÍVIACRISTINA PINTO, MACEDO MÁRCIA N, COSTA MARCOS HEIL, et al. Effects of land cover change on evapotranspiration and streamflow of small catchments in the Upper Xingu River Basin, Central Brazil [J]. Journal of Hydrology: Regional Studies, 2015, 4: 108 - 122.
[88] OLCHEV A, IBROM A, PRIESS J, et al. Effects of land - use changes on evapotranspiration of tropical rain forest margin area in Central Sulawesi (Indonesia): Modelling

study with a regional SVAT model [J]. Ecological Modelling, 2008, 212 (1): 131 - 137.

[89] GAERTNER BRANDI A., ZEGRE NICOLAS, WARNER TIMOTHY, et al. Climate, forest growing season, and evapotranspiration changes in the central Appalachian Mountains, USA [J]. Sci. Total Environ., 2019, 650: 1371 - 1381.

[90] WANG PEI, LI XIAO-YAN, WANG LIXIN, et al. Divergent evapotranspiration partition dynamics between shrubs and grasses in a shrub-encroached steppe ecosystem [J]. New Phytologist, 2018, 219 (4): 1325 - 1337.

[91] WANG YUXIN, TAY SEE LENG, ZHOU XIAOWEI, et al. Influence of Bi addition on the property of Ag - Bi nano - composite coatings [J]. Surface and Coatings Technology, 2018, 349: 217 - 223.

[92] FISCHER R A, TURNER N C. Plant Productivity in the Arid and Semiarid Zones [J]. Annual Review of Plant Physiology, 1978, 29 (1): 277 - 317.

[93] TANG X G, LI H P, DESAI A R, et al. How is water - use efficiency of terrestrial ecosystems distributed and changing on Earth? [J]. Sci. Rep., 2014, 4: 11.

[94] YANG Y T, GUAN H, BATELAAN O, et al. Contrasting responses of water use efficiency to drought across global terrestrial ecosystems [J]. Sci. Rep., 2016, 6: 8.

[95] YUE P, ZHANG Q, ZHANG L, et al. Biometeorological effects on carbon dioxide and water - use efficiency within a semiarid grassland in the Chinese Loess Plateau [J]. J. Hydrol., 2020, 590: 13.

[96] SUN H, WANG X P, FAN D Y, et al. Contrasting vegetation response to climate change between two monsoon regions in Southwest China: The roles of climate condition and vegetation height [J]. Sci. Total Environ., 2022, 802: 12.

[97] JOHN R, CHEN J, OU - YANG Z - T, et al. Vegetation response to extreme climate events on the Mongolian Plateau from 2000 to 2010 [J]. Environ Res. Lett., 2013, 8 (3): 035033.

[98] XU C, MCDOWELL N G, FISHER R A, et al. Increasing impacts of extreme droughts on vegetation productivity under climate change [J]. Nature Climate Change, 2019, 9 (12): 948 - 953.

[99] LIU Y, DING Z, CHEN Y, et al. Restored vegetation is more resistant to extreme drought events than natural vegetation in Southwest China [J]. Sci. Total Environ, 2023, 866: 161250.

[100] POSCH S, BENNETT L T. Photosynthesis, photochemistry and antioxidative defence in response to two drought severities and with re-watering in Allocasuarina luehmannii [J]. Plant Biology, 2009, 11: 83 - 93.

[101] ZHOU G, ZHOU X, NIE Y, et al. Drought-induced changes in root biomass largely result from altered root morphological traits: Evidence from a synthesis of global field trials [J]. Plant, Cell & Environment, 2018, 41 (11): 2589 - 2599.

[102] 苏波，韩兴国，李凌浩，等. 中国东北样带草原区植物 $\delta^{13}C$ 值及水分利用效率对环境梯度的响应 [J]. 植物生态学报，2000，24 (6)：648 - 655.

[103] TSIALTAS J T, HANDLEY L L, KASSIOUMI M T, et al. Interspecific variation in potential water - use efficiency and its relation to plant species abundance in a water - limited grassland [J]. Functional Ecology, 2001: 605 - 614.

[104] CHENG JIE, LIANGSHUNLIN. Estimating the broadband longwave emissivity of global bare soil from the MODIS shortwave albedo product [J]. Journal of Geophysical Research - Atmospheres, 2014, 119 (2): 614 - 634.

[105] YANG KUN, HE JIE, TANG WENJUN, et al. On downward shortwave and longwave radiations over high altitude regions: Observation and modeling in the Tibetan Plateau [J]. Agric. For. Meteorol., 2010, 150 (1): 38 - 46.

[106] CHEN YINGYING, YANG KUN, TANG WENJUN, et al. China meteorological forcing dataset (1979—2018) [C]//National Tibetan Plateau Data (Ed.). National Tibetan Plateau Data Center, 2015.

[107] PINZON J E, PAK E W, TUCKER C J, et al. Global Vegetation Greenness (NDVI) from AVHRR GIMMS - 3G+, 1981—2022 [C]. ORNL Distributed Active Archive Center, 2023.

[108] LIU HAN, GONG PENG, WANG JIE, et al. Annual dynamics of global land cover and its long - term changes from 1982 to 2015 [J]. Earth System Science Data, 2020, 12 (2): 1217 - 1243.

[109] JONSSON P, EKLUNDH L. Seasonality extraction by function fitting to time - series of satellite sensor data [J]. IEEE Trans. Geosci. Remote Sensing, 2002, 40 (8): 1824 - 1832.

[110] FISHER JOSHUA B, TU KEVIN P, BALDOCCHI DENNIS D. Global estimates of the land - atmosphere water flux based on monthly AVHRR and ISLSCP - II data, validated at 16 FLUXNET sites [J]. Remote Sens. Environ., 2008, 112 (3): 901 - 919.

[111] MIRALLES D G, HOLMES T R H, DE JEU R A M, et al. Global land - surface evaporation estimated from satellite - based observations [J]. Hydrology and Earth System Sciences, 2011, 15 (2): 453 - 469.

[112] MIRALLES D G, DE JEU R A M, GASH J H, et al. Magnitude and variability of land evaporation and its components at the global scale [J]. Hydrology and Earth System Sciences, 2011, 15 (3): 967 - 981.

[113] YANG YUTING, LONG DI, GUANHUADE, et al. Comparison of three dual - source remote sensing evapotranspiration models during the MUSOEXE - 12 campaign: Revisit of model physics [J]. Water Resources Research, 2015, 51 (5): 3145 - 3165.

[114] MICHEL D, JIMENEZ C, MIRALLES D G, et al. The WACMOS - ET project - Part 1: Tower - scale evaluation of four remote - sensing - based evapotranspiration algorithms [J]. Hydrology and Earth System Sciences, 2016, 20 (2): 803 - 822.

[115] FENG FEI, CHEN JIQUAN, LI XIANGLAN, et al. Validity of Five Satellite - Based Latent Heat Flux Algorithms for Semi - arid Ecosystems [J]. Remote Sens., 2015, 7 (12): 16733 - 16755.

[116] GAO X, HUETE A R, NI W G, et al. Optical - biophysical relationships of vegetation spectra without background contamination [J]. Remote Sens. Environ., 2000, 74 (3): 609 - 620.

[117] LUO ZELIN, GUO MENGJING, BAI PENG, et al. Different Vegetation Information Inputs Significantly Affect the Evapotranspiration Simulations of the PT - JPL Model [J]. Remote Sens., 2022, 14 (11).

[118] 王瑾，闫庆武，谭学玲，等. 内蒙古地区植被覆盖动态及驱动因素分析 [J]. 林业资源管理，2019，(4)：159.

[119] 陈利军，刘高焕，励惠国. 中国植被净第一性生产力遥感动态监测 [J]. 遥感学报，2021，(2)：129 - 135.

[120] 曾晓敏. 海拔梯度下微生物群落适应格局对土壤碳周转的影响 [D]. 华中农业大学，2023.

[121] ZHANG Y, YU G, YANG J, et al. Climate-driven global changes in carbon use efficiency [J]. Glob. Ecol. Biogeogr., 2014, 23 (2): 144 - 155.

[122] 朱万泽. 森林碳利用效率研究进展 [J]. 植物生态学报，2013，37 (11)：1043.

[123] PIAO S, ITO A, LI S, et al. The carbon budget of terrestrial ecosystems in East Asia over the last two decades [J]. Biogeosciences, 2012, 9 (9): 3571 - 3586.

[124] ZHANG L, TIAN J, HE H L, et al. Evaluation of Water Use Efficiency Derived from MODIS Products against Eddy Variance Measurements in China [J]. Remote Sens., 2015, 7 (9): 11183 - 11201.

[125] QIU G Y, YIN J, TIAN F, et al. Effects of the " conversion of cropland to forest and grassland program" on the water budget of the Jinghe river catchment in china [J]. J. Environ. Qual., 2011, 40 (6): 1745 - 1755.

[126] TANG X, LI H, DESAI A, et al. How is water - use efficiency of terrestrial ecosystems distributed and changing on Earth? [J] Sci. Rep., 2014, 4: 7483.

[127] SUN S B, SONG Z L, WU X C, et al. Spatio - temporal variations in water use efficiency and its drivers in China over the last three decades [J]. Ecol. Indic., 2018, 94: 292 - 304.

[128] LIU Y B, XIAO J F, JU W M, et al. Water use efficiency of China's terrestrial ecosystems and responses to drought [J]. Scientific Reports, 2015, 5: 12.

[129] GUO L M, SUN F B, LIU W B, et al. Response of Ecosystem Water Use Efficiency to Drought over China during 1982—2015: Spatiotemporal Variability and Resilience [J]. Forests, 2019, 10 (7): 15.

[130] WANG L M, LI M Y, WANG J X, et al. An analytical reductionist framework to separate the effects of climate change and human activities on variation in water use efficiency [J]. Sci. Total Environ., 2020, 727: 15.

[131] DU X Z, ZHAO X, ZHOU T, et al. Effects of Climate Factors and Human Activities on the Ecosystem Water Use Efficiency throughout Northern China [J]. Remote Sens., 2019, 11 (23): 14.

[132] SUN H W, BAI Y W, LU M G, et al. Drivers of the water use efficiency changes in China during 1982—2015 [J]. Sci. Total Environ., 2021, 799: 13.

[133] TIAN H Q, LU C Q, CHENG S, et al. Climate and land use controls over terrestrial water use efficiency in monsoon Asia [J]. Ecohydrology, 2011, 4 (2): 322 - 340.

[134] SUN H W, CHEN L, YANG Y, et al. Assessing Variations in Water Use Efficiency and Linkages with Land - Use Changes Using Three Different Data Sources: A Case Study of the Yellow River, China [J]. Remote Sens., 2022, 14 (5): 21.

[135] ZHAO Y, ZHANG X, BAI Y, et al. Does Land Use Change Affect Green Space Water Use? An Analysis of the Haihe River Basin [J]. Forests, 2019, 10 (7): 545.

[136] XIAO J F, SUN G, CHEN J Q, et al. Carbon fluxes, evapotranspiration, and water use efficiency of terrestrial ecosystems in China [J]. Agric. For Meteorol, 2013, 182: 76 - 90.

[137] KHALIFA M, ELAGIB N A, RIBBE L, et al. Spatio - temporal variations in climate, primary productivity and efficiency of water and carbon use of the land cover types in Sudan and Ethiopia [J]. Sci. Total Environ., 2018, 624: 790 - 806.

[138] TIAN H Q, CHEN G S, LIU M L, et al. Model estimates of net primary productivity, evapotranspiration, and water use efficiency in the terrestrial ecosystems of the southern United States during 1895—2007 [J]. For Ecol. Manage, 2010, 259 (7): 1311 - 1327.

[139] GEBREMICAEL T G, MOHAMED Y A, VAN DER ZAAG P, et al. Quantifying longitudinal land use change from land degradation to rehabilitation in the headwaters of Tekeze - Atbara Basin, Ethiopia [J]. Sci. Total Environ., 2018, 622: 1581 - 1589.

[140] GEBREMICAEL T G, MOHAMED Y A, VAN ZAAG P, et al. Temporal and spatial changes of rainfall and streamflow in the Upper Tekeze - Atbara river basin, Ethiopia [J]. Hydrol Earth Syst. Sci., 2017, 21 (4): 2127 - 2142.

[141] NYSSEN J, CLYMANS W, DESCHEEMAEKER K, et al. Impact of soil and water conservation measures on catchment hydrological response - a case in north Ethiopia [J]. Hydrol Process, 2010, 24 (13): 1880 - 1895.

[142] TESFAYE S, BIRHANE E, LEIJNSE T, et al. Climatic controls of ecohydrological responses in the highlands of northern Ethiopia [J]. Sci. Total Environ., 2017, 609: 77 - 91.

[143] TESFAYE S, TAYE G, BIRHANE E, et al. Observed and model simulated twenty - first century hydro - climatic change of Northern Ethiopia [J]. J. Hydrol - Reg Stud, 2019, 22: 23.

[144] TIAN F W, ZHI W G, YUAN J D. Identification of priority areas for improving quality and efficiency of vegetation carbon sinks in Shaanxi province based on land use change [J]. Journal of Natural Resources, 2022, 37 (5): 1214 - 1232.

[145] ZHU W, ZHANG J, CUI Y, et al. Ecosystem carbon storage under different scenarios of land use change in Qihe catchment, China [J]. J. Geogr. Sci., 2020, 30 (9): 1507 - 1522.

[146] HOUGHTON R A, HACKLER J L. Emissions of carbon from forestry and land-use change in tropical Asia [J]. Global Change Biology, 1999, 5 (4): 481 - 492.
[147] LIU D, YU C L, ZHAO F. Response of the water use efficiency of natural vegetation to drought in Northeast China [J]. J. Geogr. Sci., 2018, 28 (5): 611 - 628.
[148] YANG Y H, WU Q B, YUN H B, et al. Evaluation of the hydrological contributions of permafrost to the thermokarst lakes on the Qinghai - Tibet Plateau using stable isotopes [J]. Glob. Planet Change, 2016, 140: 1 - 8.
[149] SUN Y, PIAO S, HUANG M, et al. Global patterns and climate drivers of water - use efficiency in terrestrial ecosystems deduced from satellite - based datasets and carbon cycle models [J]. Glob. Ecol. Biogeogr., 2016, 25 (3): 311 - 323.
[150] CHEN C, PARK T, WANG X H, et al. China and India lead in greening of the world through land - use management [J]. Nat. Sustain., 2019, 2 (2): 122 - 129.
[151] TANG X G, XIAO J F, MA M G, et al. Satellite evidence for China's leading role in restoring vegetation productivity over global karst ecosystems [J]. For Ecol. Manage, 2022, 507: 13.
[152] ZHANG F M, JU W M, SHEN S H, et al. How recent climate change influences water use efficiency in East Asia [J]. Theor. Appl. Climatol, 2014, 116 (1 - 2): 359 - 370.
[153] ZHU L W, ZHAO P, WANG Q, et al. Stomatal and hydraulic conductance and water use in a eucalypt plantation in Guangxi, southern China [J]. Agric. for Meteorol, 2015, 202: 61 - 68.
[154] YANG Y T, GUAN H, BATELAAN O, et al. Contrasting responses of water use efficiency to drought across global terrestrial ecosystems [J]. Scientific Reports, 2016, 6: 8.
[155] TONG X J, LI J, YU Q, et al. Ecosystem water use efficiency in an irrigated cropland in the North China Plain [J]. Journal of Hydrology, 2009, 374 (3 - 4): 329 - 337.
[156] MONTEITH J. Steps in crop climatology [C]//Proceedings of the International Conference on Drylund Farming, 1988: 273 - 282.
[157] ROUPHAEL Y, COLLA G. Radiation and water use efficiencies of greenhouse zucchini squash in relation to different climate parameters [J]. Eur. J. Agron., 2005, 23 (2): 183 - 194.
[158] ZHANG Y J, YU G R, YANG J, et al. Climate - driven global changes in carbon use efficiency [J]. Glob. Ecol. Biogeogr., 2014, 23 (2): 144 - 155.
[159] LIU X F, FENG X M, FU B J. Changes in global terrestrial ecosystem water use efficiency are closely related to soil moisture [J]. Sci. Total Environ., 2020, 698: 8.
[160] NOVICK K A, FICKLIN D L, STOY P C, et al. The increasing importance of atmospheric demand for ecosystem water and carbon fluxes [J]. Nat. Clim. Chang., 2016, 6 (11): 1023 - 1027.
[161] ZHOU S, YU B F, HUANG Y F, et al. The effect of vapor pressure deficit on wa-

ter use efficiency at the subdaily time scale [J]. Geophys. Res. Lett., 2014, 41 (14): 5005 - 5013.

[162] ANTEN N P, ALCALA H R, SCHIEVING F, et al. Wind and mechanical stimuli differentially affect leaf traits in Plantago major [J]. New Phytol., 2010, 188 (2): 554 - 564.

[163] WANG Y, XIONG W, WANG Y, ET AL. Water use efficiency of eight woody species in Liupan Mountains of Ningxia, China [J]. Ecology and Environmental Sciences, 2013, 22 (12): 1893 - 1898.

[164] DONG G, GUO J X, CHEN J Q, et al. Effects of Spring Drought on Carbon Sequestration, Evapotranspiration and Water Use Efficiency in the Songnen Meadow Steppe in Northeast China [J]. Ecohydrology, 2011, 4 (2): 211 - 224.

[165] THOMEY M L, COLLINS S L, VARGAS R, et al. Effect of precipitation variability on net primary production and soil respiration in a Chihuahuan Desert grassland [J]. Global Change Biology, 2011, 17 (4): 1505 - 1515.

[166] SAKATA T, NAKANO T, KACHI N. Effects of internal conductance and Rubisco on the optimum temperature for leaf photosynthesis in Fallopia japonica growing at different altitudes [J]. Ecol. Res., 2015, 30 (1): 163 - 171.

[167] ZHAO J X, FENG H Z, XU T R, et al. Physiological and environmental control on ecosystem water use efficiency in response to drought across the northern hemisphere [J]. Sci. Total Environ., 2021, 758: 11.

[168] LAW B E, FALGE E, GU L, et al. Environmental controls over carbon dioxide and water vapor exchange of terrestrial vegetation [J]. Agric for Meteorol, 2002, 113 (1 - 4): 97 - 120.

[169] ZHANG X, MORAN M S, ZHAO X, et al. Impact of prolonged drought on rainfall use efficiency using MODIS data across China in the early 21st century [J]. Remote Sens. Environ., 2014, 150: 188 - 197.

[170] 陈雪娇，周伟. 2001—2017年三江源区典型草地群落碳源/汇模拟及动态变化分析 [J]. 干旱区地理，2020，43 (6)：1583 - 1592.

[171] 柴曦，李英年，段呈，等. 青藏高原高寒灌丛草甸和草原化草甸 CO_2 通量动态及其限制因子 [J]. 植物生态学报，2018，42 (1)：6 - 19.

[172] 刘洋洋，王倩，杨悦，等. 2000—2013年中国植被碳利用效率（CUE）时空变化及其与气象因素的关系 [J]. 水土保持研究，2019 (5)：278 - 286，2.

[173] 兰垚，曹生奎，曹广超，等. 青海湖流域植被碳利用效率时空动态研究 [J]. 生态科学，2020，39 (4)：156.

[174] 潘红丽，李迈和，蔡小虎，等. 海拔梯度上的植物生长与生理生态特性 [J]. 生态环境学报，2009，18 (2)：722.

[175] POLLEY H W, EMMERICH W, BRADFORD J A, et al. Physiological and environmental regulation of interannual variability in CO_2 exchange on rangelands in the western United States [J]. Global Change Biology, 2010, 16 (3): 990 - 1002.

[176] YASHIRO Y, SHIZU Y, HIROTA M, et al. The role of shrub (Potentilla fruti-

cosa) on ecosystem CO_2 fluxes in an alpine shrub meadow [J]. Journal of Plant Ecology, 2010, 3 (2): 89-97.

[177] ZHANG KUN, MA JINZHU, ZHU GAOFENG, et al. Parameter sensitivity analysis and optimization for a satellite-based evapotranspiration model across multiple sites using Moderate Resolution Imaging Spectroradiometer and flux data [J]. Journal of Geophysical Research-Atmospheres, 2017, 122 (1): 230-245.

[178] TANG Y, REED P, WAGENER T, et al. Comparing sensitivity analysis methods to advance lumped watershed model identification and evaluation [J]. Hydrology and Earth System Sciences, 2007, 11 (2): 793-817.

[179] SENEVIRATNE SONIA I, CORTI THIERRY, DAVIN EDOUARD L, et al. Investigating soil moisture-climate interactions in a changing climate: A review [J]. Earth-Science Reviews, 2010, 99 (3-4): 125-161.

[180] DENISSEN JASPER M C, ORTH RENE, WOUTERS HENDRIK, et al. Soil moisture signature in global weather balloon soundings [J]. Npj. Climate and Atmospheric Science, 2021, 4 (1).

[181] DENISSEN JASPER M C, TEULING ADRIAAN J, REICHSTEIN MARKUS, et al. Critical Soil Moisture Derived From Satellite Observations Over Europe [J]. J. Geophys. Res. -Atmos., 2020, 125 (6).

[182] FLACH MILAN, SIPPEL SEBASTIAN, GANS FABIAN, et al. Contrasting biosphere responses to hydrometeorological extremes: revisiting the 2010 western Russian heatwave [J]. Biogeosciences, 2018, 15 (20): 6067-6085.

[183] KROLL JOSEPHIN, DENISSEN JASPER M C, MIGLIAVACCA MIRCO, et al. Spatially varying relevance of hydrometeorological hazards for vegetation productivity extremes [J]. Biogeosciences, 2022, 19 (2): 477-489.

[184] BERG ALEXIS, MCCOLL KAIGHIN A. No projected global drylands expansion under greenhouse warming [J]. Nature Climate Change, 2021, 11 (4): 331-U71.

[185] LEHNER FLAVIO, WOOD ANDREW W, VANO JULIE A, et al. The potential to reduce uncertainty in regional runoff projections from climate models [J]. Nature Climate Change, 2019, 9 (12): 926-933.

[186] GREVE PETER, ORLOWSKY BORIS, MUELLER BRIGITTE, et al. Global assessment of trends in wetting and drying over land [J]. Nature Geoscience, 2014, 7 (11): 716.

[187] HUANG JIANPING, YU HAIPENG, GUAN XIAODAN, et al. Accelerated dryland expansion under climate change [J]. Nature Climate Change, 2016, 6 (2): 166-171.

[188] FLACH MILAN, BRENNING ALEXANDER, GANS FABIAN, et al. Vegetation modulates the impact of climate extremes on gross primary production [J]. Biogeosciences, 2021, 18 (1): 39-53.

[189] 张更喜，粟晓玲，郝丽娜，等. 基于 NDVI 和 scPDSI 研究 1982—2015 年中国植被对干旱的响应 [J]. 农业工程学报，2019，35 (20): 145-151.

[190] SUN SHAOBO, DU WENLI, SONG ZHAOLIANG, et al. Response of Gross Primary Productivity to Drought Time - Scales Across China [J]. Journal of Geophysical Research - Biogeosciences, 2021, 126 (4).

[191] 刘静，温仲明，刚成诚. 黄土高原不同植被覆被类型 NDVI 对气候变化的响应 [J]. 生态学报，2020，40 (2)：678 - 691.

[192] MUNSON SETH M, BRADFORD JOHN B, HULTINE KEVIN R. An Integrative Ecological Drought Framework to Span Plant Stress to Ecosystem Transformation [J]. Ecosystems, 2021, 24 (4): 739 - 754.

[193] MUELLER KEVIN E, TILMAN DAVID, FORNARA DARIO A, et al. Root depth distribution and the diversity - productivity relationship in a long - term grassland experiment [J]. Ecology, 2013, 94 (4): 787 - 793.

[194] MENG TINGTING, SUN PEI. Variations of deep soil moisture under different vegetation restoration types in a watershed of the Loess Plateau, China [J]. Scientific Reports, 2023, 13 (1).

[195] LI ZHAOZHE, WU YONGPING, WANG RANGHUI, et al. Assessment of Climatic Impact on Vegetation Spring Phenology in Northern China [J]. Atmosphere, 2023, 14 (1).

[196] LIU QIANG, FUYONGSHUO H., ZENG ZHENZHONG, et al. Temperature, precipitation, and insolation effects on autumn vegetation phenology in temperate China [J]. Global Change Biology, 2016, 22 (2): 644 - 655.

[197] ZHANG RONGRONG, QI JUNYU, LENG SONG, et al. Long - Term Vegetation Phenology Changes and Responses to Preseason Temperature and Precipitation in Northern China [J]. Remote Sensing, 2022, 14 (6): 1396.

[198] ZHOU XUANCHENG, GENG XIAOJUN, YIN GUODONG, et al. Legacy effect of spring phenology on vegetation growth in temperate China [J]. Agricultural and Forest Meteorology, 2020, 281: 107845.

[199] FAN DEQIN, ZHAO XUESHENG, ZHU WENQUAN, et al. Review of influencing factors of accuracy of plant phenology monitoring based on remote sensing data [J]. Progress in Geography, 2016, 35 (3): 304 - 319.

[200] PIAO SHILONG, TAN JIANGUANG, CHEN ANPING, et al. Leaf onset in the northern hemisphere triggered by daytime temperature [J]. Nature Communications, 2015, 6: 1 - 8.

[201] SHEN XIANGJIN, LIUBINHUI, HENDERSON MARK, et al. Asymmetric effects of daytime and nighttime warming on spring phenology in the temperate grasslands of China [J]. Agricultural and Forest Meteorology, 2018, 259: 240 - 249.

[202] WANG JINMEI, XI ZHENXIANG, HE XUJIAN, et al. Contrasting temporal variations in responses of leaf unfolding to daytime and nighttime warming [J]. Global Change Biology, 2021, 27 (20): 5084 - 5093.

[203] LI C, WANG R H., CUI X F, et al. Responses of vegetation spring phenology to climatic factors in Xinjiang, China [J]. Ecol. Indic., 2021, 124: 8.

[204] FU YONGSHUO H., ZHAO HONGFANG, PIAO SHILONG, et al. Declining global warming effects on the phenology of spring leaf unfolding [J]. Nature, 2015, 526 (7571): 104-107.

[205] FU YONGSHUO H, PIAO SHILONG, OP DE BEECK MAARTEN, et al. Recent spring phenology shifts in western Central Europe based on multiscale observations [J]. Global Ecology and Biogeography, 2014, 23 (11): 1255-1263.

[206] FU YONGSHUO H, PIAO SHILONG, VITASSE YANN, et al. Increased heat requirement for leaf flushing in temperate woody species over 1980—2012: effects of chilling, precipitation and insolation [J]. Global Change Biology, 2015, 21 (7): 2687-2697.

[207] JIAO FUSHENG, LIU HUIYU, XU XIAOJUAN, et al. Trend Evolution of Vegetation Phenology in China during the Period of 1981—2016 [J]. Remote Sensing, 2020, 12 (3): 572.

[208] ZENG ZHAOQI, WU WENXIANG, GE QUANSHENG, et al. Legacy effects of spring phenology on vegetation growth under preseason meteorological drought in the Northern Hemisphere [J]. Agricultural and Forest Meteorology, 2021, 310: 108630.

[209] KANG WENPING, WANG TAO, LIU SHULIN. The Response of Vegetation Phenology and Productivity to Drought in Semi-Arid Regions of Northern China [J]. Remote Sensing, 2018, 10 (5).

[210] PIAO S L, FANG J Y, ZHOU L M, et al. Variations in satellite-derived phenology in China's temperate vegetation [J]. Glob. Change Biol., 2006, 12 (4): 672-685.

[211] PAN NAIQING, FENG XIAOMING, FU BOJIE, et al. Increasing global vegetation browning hidden in overall vegetation greening: Insights from time-varying trends [J]. Remote Sensing of Environment, 2018, 214: 59-72.

[212] GE QUANSHENG, WANG HUANJIONG, RUTISHAUSER THIS, et al. Phenological response to climate change in China: a meta-analysis [J]. Global Change Biology, 2015, 21 (1): 265-274.

[213] CHENG MINGHAN, JIAO XIYUN, JIN XIULIANG, et al. Satellite time series data reveal interannual and seasonal spatiotemporal evapotranspiration patterns in China in response to effect factors [J]. Agricultural Water Management, 2021, 255: 107046.

[214] SU TAO, FENG TAICHEN, HUANG BICHENG, et al. Long-term mean changes in actual evapotranspiration over China under climate warming and the attribution analysis within the Budyko framework [J]. International Journal of Climatology, 2022, 42 (2): 1136-1147.

[215] SUN SHAOBO, CHEN BAOZHANG, SHAO QUANQIN, et al. Modeling evapotranspiration over China's landmass from 1979 to 2012 using multiple land surface models: evaluations and analyses [J]. Journal of Hydrometeorology, 2017, 18 (4): 1185-1203.

[216] MA NING, SZILAGYI JOZSEF, ZHANG YINSHENG, et al. Complementary - Relationship - Based modeling of terrestrial evapotranspiration across China during 1982—2012: validations and spatiotemporal analyses [J]. Journal of Geophysical Research - Atmospheres, 2019, 124 (8): 4326 - 4351.

[217] BAI PENG, LIU XIAOMANG. Intercomparison and evaluation of three global high - resolution evapotranspiration products across China [J]. Journal of Hydrology, 2018, 566: 743 - 755.

[218] PARK HOONYOUNG, JEONG SU - JONG, HO CHANG - HOI, et al. Slowdown of spring green - up advancements in boreal forests [J]. Remote Sensing of Environment, 2018, 217: 191 - 202.

[219] LIAN XU, PIAO SHILONG, HUNTINGFORD CHRIS, et al. Partitioning global land evapotranspiration using CMIP5 models constrained by observations [J]. Nature Climate Change, 2018, 8 (7): 640 - 646.

[220] KIM JI HYUN, HWANG TAEHEE, YANG YUN, et al. Warming - Induced Earlier Greenup Leads to Reduced Stream Discharge in a Temperate Mixed Forest Catchment [J]. Journal of Geophysical Research - Biogeosciences, 2018, 123 (6): 1960 - 1975.

[221] VON ARX GEORG, DOBBERTIN MATTHIAS, REBETEZ MARTINE. Spatio - temporal effects of forest canopy on understory microclimate in a long - term experiment in Switzerland [J]. Agricultural and Forest Meteorology, 2012, 166: 144 - 155.

[222] 常丽，何元庆，杨太保，等. 玉龙雪山白水1号冰川退缩迹地的植被演替 [J]. 生态学报，2013，33 (8)：2463 - 2473.

[223] 常丽，玉龙雪山冰川前缘植物演替研究 [D]. 兰州：兰州大学，2015.

[224] 周雄，孙鹏森，张明芳，等. 西南高山亚高山区植被水分利用效率时空特征及其与气候因子的关系 [J]. 植物生态学报，2020，44 (6)：628 - 641.

[225] 张永永，税伟，孙晓瑞，等. 云南省植被水分利用效率时空变化及影响因素 [J]. 生态学报，2022，42 (6)：2405 - 2417.

[226] HUANG MENGTIAN, PIAO SHILONG, CIAIS PHILIPPE, et al. Air temperature optima of vegetation productivity across global biomes [J]. Nature Ecology & Evolution, 2019, 3 (5): 772 - 779.

[227] WANG MIN, DING ZHI, WU CHAOYANG, et al. Divergent responses of ecosystem water - use efficiency to extreme seasonal droughts in Southwest China [J]. Science of the Total Environment, 2021, 760: 143427.

[228] KOERNER CHRISTIAN, BASLER DAVID. Phenology Under Global Warming [J]. Science, 2010, 327 (5972): 1461 - 1462.

[229] WANG S P, WANG J S, ZHANG Q, et al. Applicability evaluation of drought indices in monthly scale drought monitoring in Southwestern and Southern China [J]. Plateau Meteorology, 2015, 34 (6): 1616.

[230] LIU G, WEN K. Chinese Meteorological Disasters Ceremony (Tibet Volume) [M]. China Meteorological Press: Beijing, China, 2008.

[231] YU Z，WANG J，LIU S，et al. Global gross primary productivity and water use efficiency changes under drought stress [J]. Environ. Res. Lett.，2017，12 (1)：014016.

[232] SALESKA S R，DIDAN K，HUETE A R，et al. Amazon forests green-up during 2005 drought [J]. Science，2007，318 (5850)：612-612.

[233] XIONG K，CHI Y，SHEN X. Research on photosynthetic leguminous forage in the karst rocky desertification regions of southwestern China [J]. Polish Journal of Environmental Studies，2017，26 (5)：2319-2329.

[234] LIU C C，LIU Y G，GUO K，et al. Comparativeecophysiological responses to drought of two shrub and four tree species from karst habitats of southwestern China [J]. Trees，2011，25：537-549.

[235] 高春娟，夏晓剑，师恺，等. 植物气孔对全球环境变化的响应及其调控防御机制 [J]. 植物生理学报，2012，48 (1)：19-28.

[236] 夏建阳，鲁芮伶，朱辰，等. 陆地生态系统过程对气候变暖的响应与适应 [J]. 植物生态学报，2020，44 (5)：494-514.

[237] Tan H J，Zhou H Y，Li X R，et al. Primary studies on daily photosynthetic changes of rare and endangered plant Helianthemum soongoricm [J]. Journal of Desert Research，2005，25 (2)：262-267.

[238] 张喜英. 提高农田水分利用效率的调控机制 [J]. 中国生态农业学报，2013，21 (1)：80-87.

[239] 胡婵娟，郭雷. 植被恢复的生态效应研究进展 [J]. 生态环境学报，2012，21 (9)：1640-1646.

[240] 张茹，楼晨笛，张泽天，等. 碳中和背景下的水资源利用与保护 [J]. 工程科学与技术，2022，54 (1)：69-82.